国家地理

动物百科全书

ANIMAL ENCYCLOPEDIA

鸟类

涉禽·夜行鸟

西班牙 Sol90 出版公司◎著
陈怡婷◎译

山西出版传媒集团 山西人民出版社

目录

CATALOGUE

ANIMAL ENCYCLOPEDIA

国家地理视角

为食而飞行

昼猎禽

像雪鸮（*Bubo scandiacus*）这样的昼猎禽飞行敏捷且视力良好，这使得它们能很容易找到猎物。它们短暂地振翅即可快速移动，缩短与猎物之间的距离。全球变暖正影响着它们的栖息地和食物供应。

各种变化只为同一目的

飞行是获取食物的一种方式，但并非所有的鸟类都使用相同的方式。黑颏北蜂鸟（*Archilochus alexandri*）为了进食或享受花蜜不得不奋力挥动着翅膀。普通林鸱（*Nyctibius griseus*），则如同狮身人面像般停歇在树桩上，突然起飞捕捉在空中飞行的昆虫。

食素鸟

美洲的雨林如同一座花果园，有多种食素鸟类每日所需的食物。这只五彩的金刚鹦鹉（*Ara macao*）降落到巨树的厚树冠上，将用它强而有力的喙享受一场果实、种子、花朵的盛宴。

涉禽

大海和陆地的边缘栖息着多个物种。它们之间有所差异，但也有共同的特点。例如它们的腿通常都很长，从而避免弄湿羽毛；脚趾之间都有蹼相连，使它们能在柔软和泥泞的地面站稳。

什么是鸻形目鸟类

鸻形目鸟类种类繁多，且形态各异，主要由生活在海岸和淡水或咸水水体沿岸的鸟类组成。它们几乎遍布全世界，甚至包括极地区域。它们大多数为迁徙物种，往往会迁徙数千千米。它们通常体形不等，头形为圆形，喙的形状相当多样。羽毛颜色大多是不鲜艳的，主要为白色、黑色、棕色和肉桂色。它们都是飞行高手，其中一些还擅长游泳。

门：脊索动物门
纲：鸟纲
目：鸻形目
科：17
种：367

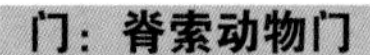

描述

鸻形目是一个由众多鸟类所组成的目，包含多种类型的鸟类群体，如海鸟、滨鸟和涉禽。它们遍布世界各地，某些较为被人熟知，如海鸥、鸻鸟、丘鹬、贼鸥、海雀、北极海鹦等。它们的体形大小不一，从小体形至大体形皆有。它们与其他鸟类的主要不同之处体现在它们的脚和喙上，喙通常细且长，但某些物种的喙较短且粗。这些鸟类在海岸和海滩的湿泥地觅食，它们的腿细且长，有三只脚趾，脚趾之间至少有半趾通过蹼相连在一起。后脚趾通常都会退化或完全消失。它们大多数都擅于飞行，也能迅速地在沙滩或在石子间奔跑，某些也擅于潜水和游泳。它们的羽毛密集，主要为灰色、棕色和白色。除了某些特定物种繁殖期时雄鸟和雌鸟的外观不同外，一般情况下无明显差异。它们通常将鸟巢筑于地面，大部分为群居。它们的主要食物为水生动物和陆地的昆虫。某些体形较大的物种偶尔会吃腐肉，或专吃某些生活在泥土或沙子中的生物群体，如贝

绝种

大海雀为鸻形目的一种鸟类，身高约1米，外观和企鹅相似。最后一组观测大海雀的数据是1844年在冰岛产生的，在1852年最后一次发现单独个体。据推测，在它们灭绝前的几十年间，科学家采集样本可能是加速它们灭绝的原因之一。

大海雀

Pinguinus impennis

多样性

鸻形目由不同种类的鸟类所组成，像海雀科、籽鹬科、反嘴鹬科。海鸥和田凫是其中被人较为熟知的鸟类。

类、鱼类和无脊椎动物。白鹳（长脚鹬属）有细长的喙，能深入泥中觅食，同样也能避免跟其他鸟类竞争。北极海鹦（*Fratercula arctica*）使用它们特殊的舌头和肥厚的喙在飞行中能一次性地携带好几条鱼。除了海鸥和燕鸥为群居鸟类之外，其他鸻形目鸟类都以成对的方式居住。大部分物种的雄鸟和雌鸟都会一起照顾自己的后代。

栖息地

它们生活在水域中，淡水和咸水水域都有。在全世界各大洲都能找到它们的身影，甚至包括亚南极岛屿和北极。水雉、籽鹬、海鸥和燕鸥栖息于世界各地。三趾鹑和黑剪嘴鸥栖息于热带和温带地区，而南极海鸥和一些盗鸟、海雀、贼鸥则于寒冷的极地环境中栖息。大多数的物种在沿海水域地区筑巢，像悬崖或海滩。它们往往选择较具战略性的位置，使掠食者无法入侵。同样，它们也在湿地区域筑巢，像湖泊的苔原或河川，或其他水域。

迁徙

滨鸟的迁徙自古以来就被认为是鸟类之间最引人注目的行为。这些鸟类迁徙的路程最远可达洲际的数千千米。有些物种在夏季飞至温带或北极地区并在那里繁殖，在冬季开始前飞至亚洲、非洲或南美洲最温暖的区域越冬，之后再返回。而某些物种会在南极照顾其后代，之后在冬季往更北方迁徙。某些物种有能力飞行数千千米，并在来年飞回同一地点。北极燕鸥是每年迁徙过程中行进距离最长的物种，从它们的繁殖地至避冬的地点来回距离约 4 万千米。它们的一生中，迁徙飞行所累积的路程相当惊人，大约可达 80 万千米。某些物种一天的飞行距离可达 1 万千米，且某些特定的鸻形目鸟类在不休息的情况下一天飞行可达 3000 千米。斑尾塍鹬（*Limosa lapponica*）是迁徙飞行纪录的保持者，它们可以从阿拉斯加飞往新西兰，飞行超过 1 万千米不休息。迁徙的成功取决于鸟类能在飞行的旅途间暂停并补给食物。

进化

鸻形目起源于白垩纪末期，明显没有受到 6500 万年前生物大灭绝和恐龙灭绝事件的影响。有 14 个谱系幸存下来，在始新世时期各有不同的变化。当全球气温上升时，生态系统变得更具生产力。它们可能跟鹤科和鸨鸟有密切的关系。

依水聚集

鸻形目鸟类中的北极海鹦（*Fratercula arctica*）和其他鸟类较不同的是它们成群居住，并成群迁徙。

觅食与方式

鸻形目鸟类为了觅食，身体能适应多种变化，以利于取得或捕获食物。这种变化主要在于它们的腿、喙和体形的变化，用于潜水、捕鱼或在泥沙中翻找食物。

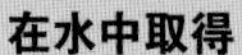

在水中取得

主要的食物由水生生物组成，例如鱼类和无脊椎动物。

盗鸟与食腐鸟

贼鸥和盗鸟专门偷取腐肉以及其他鸟类的食物。它们的喙相当强劲有力。海鸥在水面游水的同时将头部和颈部深入水中捕鱼。

从空中俯冲捉鱼

燕鸥从一定的高度向水面俯冲，用其长而锋利的喙捕鱼。黑剪嘴鸥的喙更长，从泛着波纹的水面区域深入水中捕获鱼类。

潜水专家

海雀和北极海鹦都能适应潜水和浮潜，凭着其强而有力的喙追捕鱼类。它们通过脚蹼或拍动翅膀在水中移动前进。

滨鸟

门：脊索动物门

纲：鸟纲

目：鸻形目

科：17

种：367

这个组别由田凫、斑鸻、棕塍鹬、海滩鸟、籽鹬，以及其他鸟类组成。它们在海岸边栖息，主要栖息区域为潮间带，但也有数种鸟类经常在湖泊的淡水区和沿岸牧草区栖息。它们之中的许多物种为迁徙鸟类，某些只有半蹼，且有适合在湿地和沿海地区移动的身体特征。

Haematopus ostralegus

蛎鹬

体长：39~45 厘米
翼展：73~85 厘米
体重：449~800 克
社会单位：可变
保护状况：无危
分布范围：欧亚大陆和非洲

蛎鹬是其所栖息环境中体形最大的滨鸟之一，可在海岸边的岩石或沙滩上发现它们的踪迹，它们也栖息于河流和河口。在繁殖季节，它们可能撤退至草本植被区栖息。不同于常见的其他蛎鹬科鸟类，它们可以远离水域生活。雄鸟和雌鸟的外观相似，但雄鸟的喙较短且宽。它们的羽毛颜色是呈对比的黑色和白色，有力的喙为橙色，用于觅食时捕捉和破坏软体动物。蠕虫和蜗牛也是它们食物中的一部分。它们在 4~7 月间寻找伴侣繁殖或小群体共同繁殖。在陆地筑巢，通常会产 2~4 枚奶白色的卵。雌雄鸟共同孵卵，孵化期持续 24~27 天。雏鸟在出生一天之后离巢，但仍受雌雄亲鸟照顾约 5 周。

Haematopus ater

南美蛎鹬

体长：36~45 厘米
体重：500~700 克
社会单位：群居
保护状况：无危
分布范围：南美洲的南部和西部

南美蛎鹬栖息于海滩的巨石和岩石上，以软体动物、螃蟹和鱼为主要食物；在涨潮线区域的岩石露头区、孔洞或裂缝中筑巢，通常会产 2~3 枚卵。起飞时会发出强大的鸣叫声。

Nycticryphes semicollaris

半领彩鹬

体长：17~23 厘米
体重：65~86 克
社会单位：独居或与同种群居
保护状况：无危
分布范围：南美洲南部

半领彩鹬同样也被称为美洲半领彩鹬，有脚蹼和长而稍弯曲的喙。雌鸟的体形可能稍大，羽毛颜色略呈对比。它们在黄昏时较活跃，通常藏身于某处。它们的飞行低且安静，路线短而直，栖息于沼泽和草原，以泥中或水中的种子和小动物为食。一夫一妻制，筑巢期为每年的 7 月至次年 2 月，产 2~3 枚卵。

Himantopus himantopus

黑翅长脚鹬

体长：33~36 厘米
翼展：67~83 厘米
体重：180 克
社会单位：群居
保护状况：无危
分布范围：非洲、欧亚大陆、澳大利亚和新西兰

黑翅长脚鹬的身体为白色，翅膀为黑色，喙直且长。它们分布广泛，有 48 万 ~78 万只，分布于全世界。一夫一妻制，在繁殖期间形成小群落。使用草建造鸟巢，建于靠近水的地面，在那里孵化 3~4 枚卵。为了繁殖，它们会选择淡水或咸水水体附近的开放式泥土地进行繁殖。雏鸟在 28~37 天后离巢。冬季时可居住于淡水区域和广阔的海岸区。以水生昆虫、甲壳类动物、蠕虫、两栖类动物、小鱼为主食，偶尔也吃种子。

Pluvialis dominica

金斑鸻

体长：22~24 厘米
翼展：55~59 厘米
社会单位：群居
保护状况：无危
分布范围：美洲，偶见于非洲和欧洲

金斑鸻也被称为美洲金鸻，在繁殖期间雄鸟的羽毛颜色较特别。它们的正面和眉毛呈白色，沿着脖子两端延伸至顶部两侧。腹部区域为黑色，背部为黑色并有很多金黄色斑点。主要吃无脊椎动物。它们在北半球繁殖，在南半球过冬。迁徙的过程中几乎不需要休息，在旅途中通过逐渐消化保存于消化系统中的种子维持体能。雌鸟会产 4 枚卵，孵化期 26~27 天。

Recurvirostra andina

安第斯反嘴鹬

体长：39~43 厘米
社会单位：群居，有时独居
保护状况：无危
分布范围：南美洲西部

安第斯反嘴鹬的喙长且向上弯曲。跟其他反嘴鹬一样，羽毛的颜色为白色和黑色，腿明显呈蓝色。它们有引人注目的红色眼睛。雄鸟和雌鸟的外观相似。栖息于安第斯山脉的潟湖和咸水水体的浅水区，也经常于某些河流沿岸的泥泞地栖息。主要食物为昆虫（或其幼虫）以及从水中或泥土中捕获的甲壳类动物。为定居型鸟类，但部分群体在冬季时会迁往低纬度地区。巢穴位于地面，与水源的距离不超过 20 米。

Charadrius collaris

领鸻

体长：13~18 厘米
体重：35 克
社会单位：群居
保护状况：无危
分布范围：美洲，从墨西哥至阿根廷

领鸻敏捷、活跃且吵闹。其名称来源于它们位于脖子、分离喉咙和白色肚子、形状像黑色领子的区块。雄鸟的额头为白色，额头两侧的颜色不同，分别为黑色和棕色，背部为褐色。栖息于沙滩、泥泞的河口、河流沙洲和内陆地区沙化的稀树草原。为定居型鸟类，吃各种无脊椎动物。雄鸟追逐雌鸟求欢时会触碰雌鸟胸前竖起的羽毛。鸟巢的结构很简单，筑于地上。雌鸟会产 2 枚有清晰褐色斑点的卵。

Arenaria interpres

翻石鹬

体长：21~26 厘米
体重：84~190 克
社会单位：独居
保护状况：无危
分布范围：全世界

翻石鹬是鸻形目中颜色最多彩的一种鸟类。为了觅食，它们会沿着海滩上的石块和其他物品行走寻找食物。在沿海附近的区域，可以发现它们各种不同位置的栖息地。它们在苔原地带繁殖，为一夫一妻制，雌鸟产 2~5 枚卵，由双方共同孵化 22~24 天。鸟巢筑于地面，使用叶子建造而成，重量很轻。主要食物为昆虫、蜘蛛和一些蔬菜，在非繁殖季节也吃贝类、蠕虫、小鱼和腐肉。

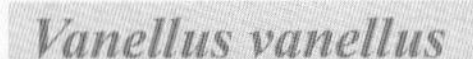

Vanellus vanellus

凤头麦鸡

体长：29~33 厘米
翼展：62~72 厘米
体重：115~280 克
社会单位：群居
保护状况：无危
分布范围：欧亚大陆和北非

凤头麦鸡的额头有黑色的冠毛。喉部和胸部的颜色相同，腹部为白色。白色的尾羽带有黑色的条带，背部为棕绿色，翅膀泛着虹彩。栖息于开放的区域，最好为潮湿且有矮草的区域。此外，也栖息于草地、灌木地、沿海地区和农作物种植区。它们在田野间穿梭飞行，寻找昆虫及其幼虫、蠕虫和其他无脊椎动物作为食物，也吃少量的小型脊椎动物。繁殖期接近时，雄鸟会以一些求偶的动作吸引雌鸟，且变得较具领地意识。它们的鸟巢简陋，直接筑于地面的小凹陷内，雌鸟会产 3~4 枚卵，由双方共同孵化 24~34 天。在冬季它们会集结成群，数量可达 5000 只。雏鸟可在一年后达到成熟阶段，但也有在第二年或第三年才达到成熟阶段的。据估计，在每个繁殖季节，约有 70% 的鸟会回到它们出生的地方进行繁殖。

物种之间的竞争

当它们在寻找食物时，红嘴鸥（*Chroicocephalus ridibundus*）经常会抢走它们寻得的食物。

Gallinago gallinago

扇尾沙锥

体长：24~27 厘米
体重：80~140 克
翼展：44~47 厘米
社会单位：成对或群居
保护状况：无危
分布范围：北半球和东南亚

扇尾沙锥的颜色通常为棕色，有白色和深棕色的斑纹。其最鲜明的特点是有长且直的喙，长度约 7 厘米。栖息于各种淡水或咸水水域的湿地。黄昏觅食的时候是它们最活跃的时段，所吃的食物包括昆虫、蠕虫、甲壳类动物、蜗牛、蜘蛛、小型两栖动物，偶尔也吃一些植物和种子。繁殖方式分为单对繁殖和小群体繁殖。它们将鸟巢安全地隐藏在植被中。雌鸟产 4 枚卵，孵化的时间为 18~21 天。繁殖期之后它们会成群一同撤离，前往越冬的区域。

鸟巢的特点

鸟巢是一个在湿地干燥地区的浅孔，位于苔藓、芦苇灌木丛或其他沼泽植被中。

Phalaropus tricolor

赤斑瓣蹼鹬

体长：22.3~24.3 厘米
体重：30~128 克
翼展：38.1~44.5 厘米
社会单位：群居
保护状况：无危
分布范围：美洲

赤斑瓣蹼鹬有几个特点使它们有别于其他迁徙的滨鸟，如性别二态性：雌鸟的颜色较多彩，且会去吸引雄鸟。它们在北美洲温带地区繁殖，在南美洲的安第斯山脉和巴塔哥尼亚地区的半咸水湖过冬。用环状方式游水以利翻动水底，捕捉昆虫和甲壳类动物作为食物。鸟群飞行时相当协调。

Limosa lapponica

斑尾塍鹬

体长：37~41 厘米
翼展：70~80 厘米
体重：190~630 克
社会单位：成对或群居
保护状况：无危
分布范围：欧洲、亚洲、非洲、大洋洲和阿拉斯加

斑尾塍鹬的喙长且薄，略向上弯曲。繁殖方式为单对繁殖，但也可能组成小群体繁殖。繁殖之后，成鸟会组成一大群共同飞往越冬区。它们的饮食依季节而变，在繁殖期主要食物为昆虫、蠕虫、软体动物、种子和苔原浆果；在冬季主要食物为环节动物、双壳类动物、甲壳类动物、小型两栖类动物以及在沿海的潮间带捕抓的鱼类。筑巢时选择湿地内有苔藓和苔原灌木的沼泽地带；冬季时栖居于沿海的开放地区，像河口、海滩和沿海潟湖。迁徙时以内陆湿地作为休憩的地点。

性别二态性
雄鸟在繁殖期间外观颜色为红色，冬季时为灰色。雌鸟的颜色较不鲜艳。

Calidris minuta

小滨鹬

体长：12~14 厘米
翼展：28~32 厘米
社会单位：群居
保护状况：无危
分布范围：欧洲、亚洲和非洲。偶见于北美洲和澳大利亚

在繁殖期间，小滨鹬身体的颜色会变成深桂皮色，带有斑点和黑色条纹，背部有黄色似“V”字形斑纹。冬季时背部的羽毛呈灰色，腹部的羽毛呈白色。主要食物为水生无脊椎动物。栖息于沿岸地区和淡水湖泊。在欧洲北部和亚洲进行孵化，在非洲和亚洲南部过冬。在冻原和邻近湿地的干燥区域进行繁殖，雌鸟产 3~5 枚卵。

Tringa melanoleuca

大黄脚鹬

体长：29~40 厘米
翼展：60 厘米
体重：111~250 克
社会单位：独居
保护状况：无危
分布范围：美洲

大黄脚鹬的腿为黄色且很长，喙呈暗色。在浅水湿地涉水，也在海岸地区用喙在水中搅拌，捕捉昆虫、甲壳类动物、小型鱼类和水生昆虫作为食物。在加拿大和阿拉斯加森林内的湿润地区筑巢，将鸟巢隐藏于地面上，然后迁徙到南美洲。雌鸟产 3~4 枚卵，孵化期约 23 天。

Burhinus bistriatus

双纹石鸻

体长：43~51 厘米
体重：780~787 克
社会单位：群居
保护状况：无危
分布范围：中美洲和南美洲北部

双纹石鸻是一种体格结实的斑鸻，棕色的外观使它们容易藏身。眼睛为黄色，眉毛为白色，棕色的冠上有两条显著的黑色条带。

跟其他同类鸟不同的是，它们主要在黄昏和夜晚活动。可以在牧场的干旱区、草原，以及其他干燥的开放空间发现它们。在白天，可以发现它们藏身于牧草中休憩。当它们感觉受威胁时，一般不会起飞躲避，而是宁愿藏身于植物当中。它们将鸟巢筑于光秃的地面上，且相当明显，产 1~2 枚橄榄色且有黑色、咖啡色以及灰色斑点的卵。孵化时间为 25~27 天，一旦孵化完成便立刻放弃鸟巢。使用坚固的喙捕捉昆虫、蠕虫、蜗牛、蝎子、爬行类动物和小青蛙作为食物，也吃种子和新芽。

Attagis gayi

棕腹籽鹬

体长：27~32 厘米
体重：300~400 克
社会单位：成对或群居
保护状况：无危
分布范围：南美洲安第斯山脉的普纳高原和山区

棕腹籽鹬的身体结实，头小，喙短且厚。羽毛为褐色、白色和黑色组成的斑驳色。栖息于岩石坡的植被稀疏区，以及呈垫子状的区域，通常是高山的潮湿地区或植被高度较低的草本植被区域。主要食物为种子和植物。一夫一妻制，雌鸟产 2~4 枚卵。如果雄鸟和雌鸟一同暂时离开，它们会用泥土覆盖卵。

Jacana jacana

肉垂水雉

体长：18~25 厘米
体重：90~125 克
社会单位：可变
保护状况：无危
分布范围：南美洲和中美洲南部

外观

背部为肉桂色，头部颜色较暗，腹部为白色。

肉垂水雉栖息于沼泽、池塘和漂浮性水生植物（例如凤眼莲和水芙蓉）所处的积水池，喜欢行走于睡莲上方。

性别二态性

雌鸟的体形比雄鸟大。雌鸟首先负责产卵，之后由跟它交配的雄鸟负责孵化和哺育雏鸟，最后雌鸟负责防止鸟巢被入侵的防御工作。

繁殖

它们所产的卵相当引人注目，为明亮的赭黄色，且有黑色的网格，易于生成拟态隐藏于环境中。它们将卵产于漂浮性水生植物（特别是水芙蓉）上方。这类水生植物的形状跟鸟巢相似，且稍微凹陷，可预防卵掉落。

寻找食物

昆虫和其他无脊椎动物为它们的主要食物，它们会用喙翻动植被寻找食物。

在某些地方有人称它们为“睡莲快脚”，因为脚的特性使它们能在睡莲上行走。此外，它们的体重也有利于其在水面上行走。

黑色颈部

颈部区域，包括背部的前半段和腹部，为深褐色或黑色，与身体其他区域羽毛的颜色呈对比。

面部特征

喙相当长，颜色为明亮的黄色。在喙基处至额头，可以明显看见形状如同盾牌的鲜红色区域，这是区分这类物种的标志。

与众不同的脚

通过将脚趾伸长，将体重分布于脚趾，它们可以在漂浮的植物上行走而不下沉。他们的脚趾长度是涉禽中脚趾长度最长的。

20 厘米

脚趾伸长可扩展的最长长度。

比较

肉垂水雉的足部和脚趾比其他涉禽物种的大且长，例如黑尾鹳（*Ciconia maguari*），它们的腿虽是最长的，但脚爪却是最短的。

行为

肉垂水雉为一妻多夫制，它们将漂浮的植物作为鸟巢，由雄鸟负责孵化和喂食。面临危险时，它们会起飞并大声鸣叫作为警报。

交配

它们的生殖习性与大多数物种不同。为一妻多夫制，雌鸟与多只不同的雄鸟交配（每季3~4只），每只雄性各有其领地。

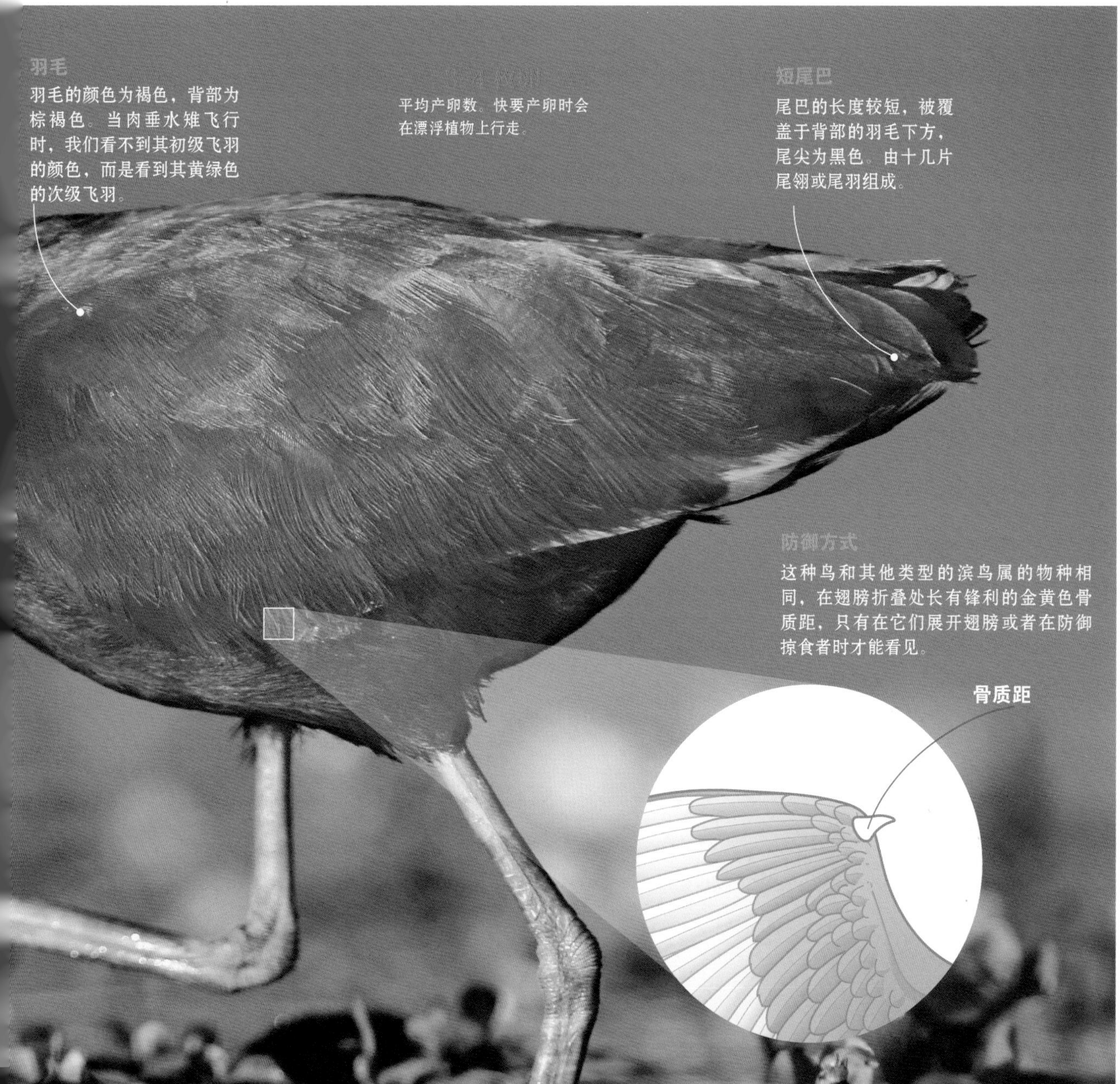

羽毛

羽毛的颜色为褐色，背部为棕褐色。当肉垂水雉飞行时，我们看不到其初级飞羽的颜色，而是看到其黄绿色的次级飞羽。

平均产卵数。快要产卵时会在漂浮植物上行走。

短尾巴

尾巴的长度较短，被覆盖于背部的羽毛下方，尾尖为黑色。由十几片尾翎或尾羽组成。

防御方式

这种鸟和其他类型的滨鸟属的物种相同，在翅膀折叠处长有锋利的金黄色骨质距，只有在它们展开翅膀或者在防御掠食者时才能看见。

骨质距

孵化

通常鸟巢位于漂浮植物上方，由雄鸟负责孵化和哺育雏鸟，雌鸟不协助雄鸟，雏鸟出生几个小时后即有能力跟随着雄鸟的脚步在水面上第一次步行。

飞行

没有任何一种水雉擅于飞行。肉垂水雉只在需要时才会飞行，且飞行距离短。相反，它们擅长游泳，甚至在遇到危险情况时可以潜入水中躲避危险。

海鸥及其他

门：脊索动物门
纲：鸟纲
目：鸻形目
科：7
种：129

它们为中等体形的鸟类，体重较重，翅膀长且尖。喙相当多样，从短至长皆有，通常强而有力。它们基本都有脚蹼。它们栖息于众多的水生环境区域，在内陆水域、沿海地区和海岸地区可以发现这类物种的踪迹。

Chionis alba

白鞘嘴鸥

体长：34~41 厘米
翼展：75~80 厘米
体重：460~780 克
社会单位：可变
保护状况：无危
分布范围：南极洲和南美洲（巴塔哥尼亚地区和布宜诺斯艾利斯的海岸）

白鞘嘴鸥身材矮小，颜色为全白，喙和脚强而有力。雄鸟的体形比雌鸟略大。一整年都栖息于南极半岛以及南极地区的小岛屿。某些族群在冬季会迁徙至巴塔哥尼亚地区和布宜诺斯艾利斯的海岸。较喜欢栖息于潮间带的岩沙区。同样，它们也经常往返于其他海鸟（如企鹅、鸬鹚和信天翁）的栖息地，以及海豹和海狮休息的区域。通常可以在马尔维纳斯群岛的人类居住区附近看见它们。它们是“机会主义者”，有什么就吃什么，会吃卵、其他鸟类的雏鸟、无脊椎动物，甚至连雏鸟的粪也是它们饮食的一部分。它们经常偷取其他鸟类寻得的食物。为一夫一妻制，且具领地性。繁殖期在11~12月，在它们过冬的区域繁殖。雌鸟产1~3枚卵，孵化期为28~32天。

用脚行走

跟大多数南极鸟类不同的是，它们的脚上没有脚蹼。

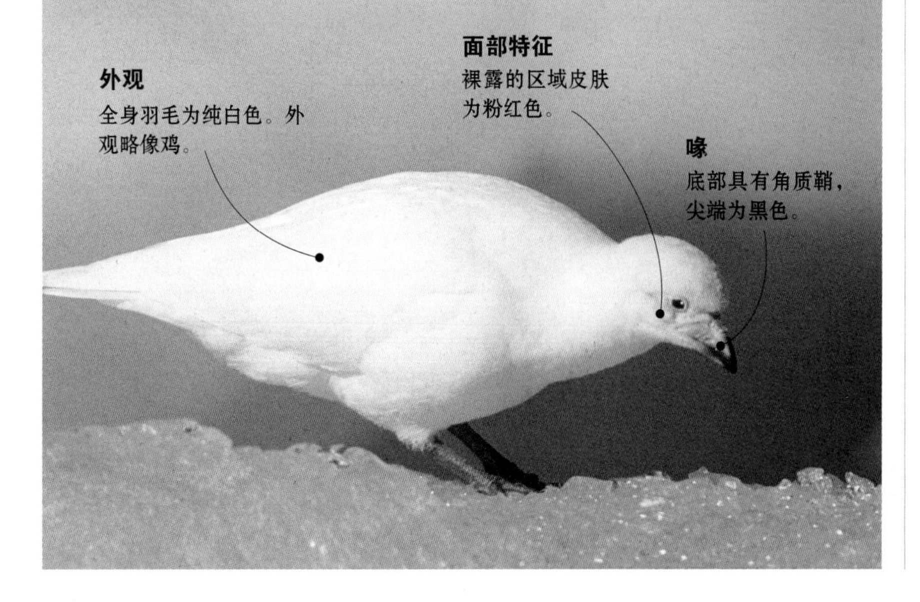

Leucophaeus scoresbii

海豚鸥

体长：43 厘米
翼展：38 厘米
体重：524~540 克
社会单位：群居
保护状况：无危
分布范围：南美洲南部

海豚鸥也被称为巴塔哥尼亚海豚鸥，栖息于任何海岸区、岩石区、沙地区和靠近其他海鸟栖息地的泥泞地区。它们的头部、颈部和腹部为灰色，背部颜色较深。主要的食物为在潮间带捕获的无脊椎动物，同样也吃其他鸟类的卵、腐肉和排泄物。10~11 月间在栖息地筑巢。使用草、海藻、羽毛、棍棒和骨头筑巢。雌鸟产 1~3 枚卵，雏鸟出生后不久即有飞行的能力。

Sterna maxima

橙嘴凤头燕鸥

体长：44~50 厘米
翼展：125~135 厘米
体重：350~450 克
社会单位：群居
保护状况：无危
分布范围：美洲

橙嘴凤头燕鸥是最大的燕鸥之一。有冠，冠毛至后颈部羽毛为黑色。喙为红色，长且结实。在自己的领地内繁殖，最多可达 4000 对一起繁殖。它们栖息于海岸、河口、海岸潟湖和红树林，主要食物为鱼、鱿鱼、虾和螃蟹。将巢筑于珊瑚礁岛和盐沼，以及植被较少且无掠食性哺乳动物的海滩。

Stercorarius parasiticus

短尾贼鸥

体长：41~46 厘米
翼展：108~118 厘米
体重：330~610 克
社会单位：可变
保护状况：无危
分布范围：南半球和北半球温带与寒带的沿岸地区

短尾贼鸥也被称为“寄生鸟”，羽毛为黑褐色，翅膀末端有白色斑点，中央尾羽比其他位置的羽毛还要长，飞行时外观与老鹰相似。一夫一妻制，在苔原繁殖，雌鸟产 2~4 枚橄榄色的卵。当鸟巢面临威胁时，它们会进行恐吓式的飞行捍卫鸟巢。筑巢的地点由雄鸟选择，选定凹洞之后由雌鸟放置草和地衣筑巢。冬季时迁徙至热带地区和南半球地区过冬。

Catharacta antarctica

棕贼鸥

体长：58~63 厘米
翼展：120~160 厘米
体重：980~1900 克
社会单位：可变
保护状况：无危
分布范围：南极圈和巴塔哥尼亚地区

棕贼鸥也被称为“亚南极贼鸥”，体形大而结实，羽毛颜色为均匀的深褐色，且有清晰的斑点。它们是“机会主义者”，使用各种不同的技能在陆地或海面获取腐肉，以及劫掠食物。主要的食物包括企鹅卵、企鹅雏鸟、小型海鸟和海狮的胎盘。它们在马尔维纳斯群岛繁殖，也在其他位于南大西洋的岛屿繁殖，10~11 月间从那里往北飞行进行交配。在这期间，它们积极地捍卫自己的领地。雌鸟在筑于岩石地面上的鸟巢中产 2 枚卵，孵化期在 11 月至次年 1 月之间，孵化天数大约为 30 天。雄鸟与雌鸟共同照顾雏鸟，之后在 3~4 月间与雏鸟分离。

Fratercula arctica

北极海鹦

体长：26~32 厘米
翼展：47~63 厘米
社会单位：群居
保护状况：无危
分布范围：北美洲、欧洲、北大西洋

北极海鹦的体形饱满结实，与企鹅相似。背部为黑色，腹部为白色，脸部为白色或黑色，喙高且薄，颜色为深色，喙基部为三角形，三角形的边线为黄色。它们擅长游泳，主要的食物为小鱼，同样也吃甲壳类动物、鱿鱼和海洋蠕虫。它们会游于水面上捕获食物，也会潜入水中寻找食物。为一夫一妻制。将鸟巢筑于山坡上，并积极地捍卫自己的鸟巢。雌鸟只产 1 枚卵，由双方共同孵化 39~40 天。

Rynchops niger

黑剪嘴鸥

体长：40~50 厘米
翼展：100~127 厘米
体重：235~325 克
社会单位：群居
保护状况：无危
分布范围：美洲

黑剪嘴鸥的外形酷似海鸥或体形结实的大型燕鸥，下颌明显长于上颌，飞行在水面觅食时其下颌可深入水中，碰触并抓取小鱼。它们在白天时成群一起休憩。褐色虹膜呈垂直状。是一种较稀有的鸟类。

鸽子与沙鸡

除了极地区域之外，全球的其他地区都是鸽子的栖息地。它们在城市中生活，饮食种类相当广泛，主要为天然的种子和果实。其中最受欢迎的是野生鸽，它们被驯化之后可听从指令做其他事，例如送信。沙鸡无其他演化的相关近亲，它们只分布于非洲和欧亚大陆。

一般特征

鸽子的栖息地几乎遍布所有的陆地区域，它们主要分布在茂密的森林，而沙鸡则主要栖息于较干燥的亚非拉地区。它们体形中等，身体笨重，腿和脖子较短，拥有利于飞行的强壮肌肉。主要的食物为果实和种子。为一夫一妻制，双方共同照顾雏鸟。某些物种因为遭受过度猎捕而濒临灭绝。

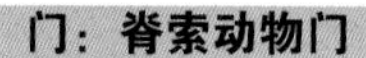

门：脊索动物门

纲：鸟纲

目：鸽形目

科：1

种：308

遍布于世界各地

鸽子的栖息地除了寒冷的地区之外，分布于世界各地。沙鸡分布于非洲和欧亚大陆。

描述

栖息于沙漠地区的鸽子和沙鸡的头形较小，脖子和腿较短，身体结实且身形较大。它们的翅膀形状为圆形，大部分物种的食物是种子、果实和叶子。很少吃昆虫和其他无脊椎动物。雄鸟比雌鸟稍大。通常两者的羽毛颜色相同，为棕色、灰色或奶油色。鸽子和沙鸡有着非常相似的解剖特征，但可通过小部分的特征区分。如沙鸡的头部略大，身体也较结实。此外，沙鸡的喙较短且锋利，但缺乏蜡膜，而鸽子的喙通常有蜡膜。某些物种有显著的长尾巴，某些物种有着引人注目且具特色的冠毛。该种类的其他成员还包括渡渡鸟和罗德里格斯渡渡鸟。它们是不会飞行的大型鸟类，栖息于马斯克林群岛和马达加斯加附近，在17世纪末期因人类活动而灭绝。北美旅鸽（*Ectopistes migratorius*）是鸽形目另一种已灭绝的鸟类，全世界最后一只北美旅鸽于1914年死亡。

栖息地

鸽子栖息于除了两极地区和高山地区外的全球所有区域，但也有很多物种栖息于海拔4500米的区域。大多数的物种栖息于澳大利亚和亚洲，尤其是靠近印度洋和太平洋的热带地区。60%的

灭绝

渡渡鸟（***Raphus cucullatus***）的体重最重可达25千克。它们的腹部很大，腿较短，喙厚且呈钩状，翅膀和尾巴都很小。羽毛颜色通常为蓝色或灰褐色。它们因为外来物种的入侵以及人类的屠杀活动而消失。

渡渡鸟

Raphus cucullatus

鸽子栖居于远离大陆的小岛。

沙鸡栖息于欧亚大陆和非洲的沙漠和草原，它们总是栖息于跟水源相关的区域。鸽子的栖息环境相当多样，但大多数栖息于森林和热带雨林，在那里栖息、觅食以及筑巢。少数的物种栖息于陆地或悬崖。原鸽（*Columba livia*）原产于亚洲和北非。其在原生环境中的悬崖上筑巢。目前该物种已遍布于全世界，通常不栖居在城市或郊区，因为在那里可能会产生严重的健康问题。

属于同目？

鸽子和沙鸡的外观相似，往往会被人们混淆。然而某些专家认为它们之间有着显著的差异和不同的亲缘关系。

食物

鸽子主要的食物为种子、果实、浆果、叶子和幼芽，也吃小型无脊椎动物。它们中的某些物种是种子的重要传播者，因为种子经过其消化系统时并未遭受破坏，所以它们是乔木和灌木种子的重要传播者。它们的食物中有一个最重要的组成部分——胃石，它们食入“胃石”，通过肌胃的肌肉将食物磨碎。鸽子在开放的空间觅食，很容易被它们的天敌锁定位置，出于这个原因，它们快速摄取大量食物，储存于嗉囊中之后再慢慢消化。沙鸡的主要食物为沙漠植物的小种子，它们可以将大量的种子储存于嗉囊，由于这些食物的水分含量较低，因此它们必须每天摄取水分。它们的雏鸟虽然还不会飞，但也需要摄取种子。雄鸟能够飞行好几千米寻找种子，之后将胸前的羽毛弄湿，以便吸收大量的水分，然后再长途跋涉飞回鸟巢，这样水分的蒸发流失对它们来说就不是那么重要了。在繁殖期间，鸽子从嗉囊腺分泌出一种半消化食物的混合物，它们使用这种流质食物哺育雏鸟，这类食物因其颜色而被命名为“鸽乳”。

行为

某些种类的鸽子是独居的，但大部分的鸽子跟沙鸡一样都是各种大小不同的个体成群生活在一起，甚至连筑巢也成群聚在一起。同样，它们也会因为食物的来源聚集在一起，例如聚集在食物种植区附近。某些物种会发出声音，而另一些则几乎无声。它们低沉且单音调的歌唱方式相当有名。作为一种防御策略，它们的羽毛容易脱落。使用这种方式，当掠食者想要吃它们时，它们便会将羽毛留在掠食者的嘴中之后逃脱。鸽子和沙鸡是仅存的两种喝水时头部无须向后仰的鸟类。它们是一夫一妻制，也就是说在繁殖期间跟同一伴侣居住在一起。它们的鸟巢相当简易，使用小树枝建于树木或灌木的树冠中，或建于地面上的小凹洞中。雌鸟通常产 1~3 枚卵，由雌雄亲鸟共同照顾雏鸟。鸽子和沙鸡一样，都能快速地飞行，且通常都是直线飞行。这项特点让它们能逃离许多天敌（例如游隼）的追捕。

差异

通常沙鸡和鸽子的外观相似。可以从它们的身体形状分辨，沙鸡的身体较结实；也可通过喙分辨，鸽子的喙较发达，且在喙基部有蜡膜。沙鸡的眼睛占头部的比例较大。

鸽子

有被称为“蜡膜”的肉质结构，位于喙基部，环绕在鼻子周围，可能会影响繁殖。

沙鸡

跟鸽子的外观非常相似，但它们的身体较健壮和结实。此外，它们的喙相当短，翅膀和尾巴是尖的。

鸽子

门：脊索动物门
纲：鸟纲
目：鸽形目
科：鸠鸽科
种：308

鸽子的体形健壮结实，头形较小，腿短且有鳞片。它们的喙能让其吸水时无须抬头。通常，它们的眼睛周围被裸露的皮肤包围。除了南极洲之外，它们栖息于世界各地的温带和热带地区，习惯栖居于陆地和树上，并且拥有利于飞行的肌肉。

Columba palumbus

斑尾林鸽

体长：40~42 厘米
体重：450~520 克
社会单位：群居
保护状况：无危
分布范围：欧洲、非洲北部和亚洲中部

斑尾林鸽是体形最大且最常见的欧洲鸽子。背部的羽毛为蓝灰色，胸部的羽毛为深粉红色。

栖息于多种环境，如树上、田野和花园。主要食物为谷物、果实、种子、根和芽，有时候也吃无脊椎动物。

它们的鸣叫声较特别，全年都可唱出由 5 个音符组成的歌曲，传播的距离很远，且在繁殖期会加强其鸣叫声。在夜晚同样也可听到它们特殊的鸣叫声。

繁殖期雄鸟会进行引人注目的求偶飞行，借由拍打翅膀发出声音，并将翅膀朝上后快速降落，跟其他同类型的鸟类使用的方式相似。

雌鸟使用雄鸟所寻得的树枝将鸟巢简易地筑在树上。雌鸟产下 2 枚白色的卵，由双方共同孵化 15~18 天。孵化完成之后由双方共同哺育雏鸟，在第一个月用储存在嗉囊的“鸽乳”喂食雏鸟，直到雏鸟长毛、有能力离开鸟巢为止。

翅膀的斑块
翅膀的白色区域在飞行时非常明显。

Streptopelia semitorquata

红眼斑鸠

体长：34~36 厘米
体重：200~250 克
社会单位：独居
保护状况：无危
分布范围：撒哈拉沙漠以南的非洲地区、阿拉伯半岛

红眼斑鸠的眼睛周围的皮肤裸露，呈红色，因此而得名红眼斑鸠。全身羽毛为褐色，腹部和脸部的羽毛略呈微红色调，脖子两侧的羽毛呈黑色。

它们不太合群，通常单独或成对地在树下觅食。主要的食物为种子、坚果和花朵，很少吃昆虫。栖息于森林区或草原区。它们可以适应人类改造过的环境，特别是松树和桉树的种植园。为一夫一妻制。鸟巢由雌鸟建造，但材料由雄鸟寻找。鸟巢的形状呈杯状，内层铺上柔软的草。一整年皆为它们的繁殖期，但较频繁的繁殖月份为 9 月至次年 1 月。雌鸟产下 2 枚球形的卵，由双方共同孵化 14~17 天。雏鸟孵化完成之后在鸟巢中接受双亲的照料，时间大约为 2 周。

Oena capensis

小长尾鸠

体长：22~26 厘米
体重：28~54 克
社会单位：群居
保护状况：无危
分布范围：撒哈拉沙漠以南的非洲地区、马达加斯加、阿拉伯半岛

小长尾鸠相当长的尾巴让人易于辨认。其外观有性别差异，雄鸟的脸部和胸前羽毛为黑色，喙部为金黄色混合亮红色，整体羽毛主要为红褐色，在飞行时明显可见。雌鸟的颜色较单调简单。它们为杂食性鸟类，主要食物为在植物中寻得的种子，也习惯吃昆虫。雌鸟产2枚卵，由双方共同孵化。雏鸟出生15天后羽毛即生长完成。

Patagioenas fasciata

斑尾鸽

体长：34~39 厘米
体重：250~340 克
社会单位：群居
保护状况：无危
分布范围：北美洲、中美洲、南美洲西北部

斑尾鸽颈部的白色带是其特征。羽毛颜色通常为蓝灰色，头部和胸部的部分区域呈微红色。颈部为带虹彩的绿色，侧面为蓝白色，尾巴为白色。喙和脚为金黄色且有黑色斑点。栖息于橡木区和针叶林区，一般不栖息于市区，是一种看起来较害羞的鸟类。

习惯组成小群体共同繁殖，由双方共同筑巢，雌鸟产1~2枚白色的卵，由双方共同哺育雏鸟。橡子是它们的主食（主要在北美洲），但它们同样也吃其他的种子、浆果、花、芽、树皮以及昆虫。它们的鸣叫声跟某些猫头鹰相似，比其他同类型鸟类的声音低沉。

Geophaps plumifera

冠翎岩鸠

体长：20~24 厘米
体重：68~98 克
社会单位：群居
保护状况：无危
分布范围：澳大利亚

冠翎岩鸠的颈部和背部为桂皮色，且背部有黑色条纹。腹部为白色，胸部为肉桂色。胸部周围下方有两条小条纹，一条为黑色，另一条为白色。眼睛周围有红色斑块。栖息于岩石区和半沙漠附近的水源区。习惯于陆地生活，飞行时只会低空飞行。它们几乎吃各种干燥的草种子。它们是游牧式的，成对或成群聚集于水源附近栖息。繁殖期通常是在雨季过后的春天或夏天。在求偶时期，雄鸟低头鸣叫，并展示其冠羽和尾巴，通常还会自主性地缩小瞳孔，展现出金黄色的虹膜。雌鸟产2枚白色的卵，并将卵产在地面或低矮的灌木丛中。

冠羽
细而直立，是其最显著的特征。

Phaps chalcoptera

普通铜翅鸠

体长：30~36 厘米
体重：317 克
社会单位：群居
保护状况：无危
分布范围：澳大利亚和塔斯马尼亚

普通铜翅鸠颇具设计感的翅膀相当引人注目，有着多种包括红褐色、蓝色、绿色和黄色的斑点。雄鸟可由其前额黄色的羽毛和胸部粉红色的羽毛来区别。它们需要经常摄取水分，因此总是栖息于水域附近。它们会组成小群体一同觅食，主要的食物为草和种子。它们的警觉性很高，在任何有轻微威胁的情况下都会立即飞行逃离。雌鸟产2枚白色的卵，由双方共同孵化15天。

Columba livia

原鸽

体长：36 厘米
翼展：70 厘米
体重：400~600 克
社会单位：群居
保护状况：无危
分布范围：世界各地

住所
使用墙壁上的孔来保护自己，并在此筑巢。

原鸽是一种分布于世界各地的鸟类，可以和人类一同生活。可在广场和公园发现它们的踪迹，是城市常见的动物之一。它们是充满自信的，但只要感受到一点危险就会马上拍动翅膀飞行。它们的鸣叫声声调低沉，在繁殖期间雄鸟使用鸣叫声来吸引雌鸟的注意。

鸟巢

鸟巢相当简单：由积聚的一些干树枝交织在一起建造而成，有时候会加入一些羽毛。

于城市中觅食

主要的食物为谷物类的种子。根据居住的地点来调整它们的饮食习惯，且它们经常吃人类离开之后留下的剩余食物。

城市生活
栖居在城市的优点是食物和住所固定。但同样也有缺点，即它们可能会被视为有害者。

飞行与美丽

看一只鸽子能否作为信鸽来饲养，要从它们能够飞行时开始观察，观察它们是否有能力在固定的方向来回长途飞行且不迷失方向。而赛鸽，需通过技术性的养育和训练，以及人工筛选、培育而成，数量超过 300 种，其中包括我们熟悉的家中所饲养的家鸽，其学名也以此名称命名。

多样的羽毛

主要颜色是灰色，通常伴随着斑点以及黑色、白色和红色的条纹。除了这些主要羽毛的混色之外，也有一些羽毛呈对比色，如黑色、白色或红色。大多数泛着虹彩，胸部颜色可为绿色和淡红色。

蓝色条纹
尾巴和翅膀的末端为深黑色。

红色条纹
跟蓝色条纹相似，但条纹的颜色较淡。

白色
羽毛欠缺深色的色素。

花斑
它们身体有大面积的范围为白色。

棋盘状
颜色分布的形式如同棋盘。

红色
红色羽毛。

散状
黑色或灰色均匀分布于全身。

15%
它们所需要吃的食物分量为体重的15%。

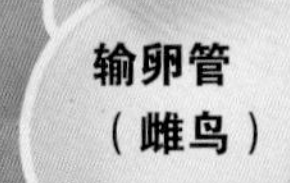

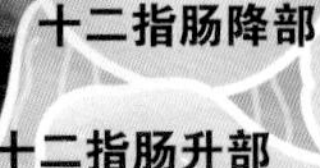

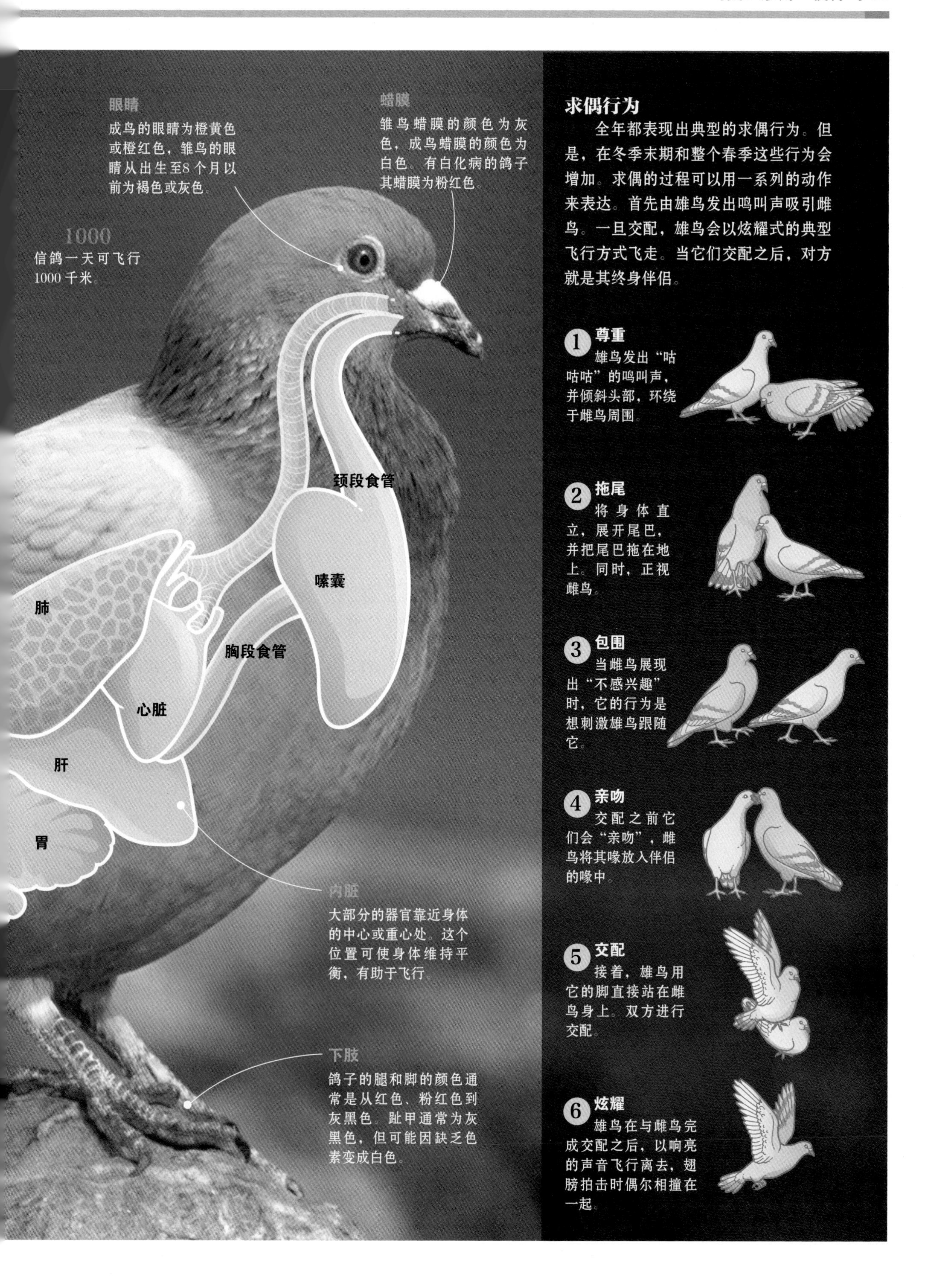
眼睛
成鸟的眼睛为橙黄色或橙红色，雏鸟的眼睛从出生至8个月以前为褐色或灰色。
蜡膜
雏鸟蜡膜的颜色为灰色，成鸟蜡膜的颜色为白色。有白化病的鸽子其蜡膜为粉红色。
1000
信鸽一天可飞行1000千米。
颈段食管
嗉囊
肺
胸段食管
心脏
肝
胃
内脏
大部分的器官靠近身体的中心或重心处。这个位置可使身体维持平衡，有助于飞行。
下肢
鸽子的腿和脚的颜色通常是从红色、粉红色到灰黑色。趾甲通常为灰黑色，但可能因缺乏色素变成白色。
求偶行为
全年都表现出典型的求偶行为。但是，在冬季末期和整个春季这些行为会增加。求偶的过程可以用一系列的动作来表达。首先由雄鸟发出鸣叫声吸引雌鸟。一旦交配，雄鸟会以炫耀式的典型飞行方式飞走。当它们交配之后，对方就是其终身伴侣。
1 尊重
雄鸟发出“咕咕咕”的鸣叫声，并倾斜头部，环绕于雌鸟周围。
2 拖尾
将身体直立，展开尾巴，并把尾巴拖在地上。同时，正视雌鸟。
3 包围
当雌鸟展现出“不感兴趣”时，它的行为是想刺激雄鸟跟随它。
4 亲吻
交配之前它们会“亲吻”，雌鸟将其喙放入伴侣的喙中。
5 交配
接着，雄鸟用它的脚直接站在雌鸟身上。双方进行交配。
6 炫耀
雄鸟在与雌鸟完成交配之后，以响亮的声音飞行离去，翅膀拍击时偶尔相撞在一起。

Geopelia cuneata

姬地鸠

体长：19~24 厘米
体重：34 克
社会单位：群居
保护状况：无危
分布范围：澳大利亚

姬地鸠的名称源自分布在翅膀和背部的小斑点。栖息于灌木丛和辽阔的开放式草原。黄昏的时候，它们会成群或成对地聚集在某个露天的饮水处。

它们主要的食物为在陆地上找到的谷类种子，同样也吃花蕾、果实和叶子。繁殖期从春雨过后开始。雌鸟在一个简易且藏匿于树叶中的小平台上产下 2 枚白色的卵。孵化的时间为 13~14 天，由双方共同照顾并哺育雏鸟。

Zenaida macroura

哀鸽

体长：23~31 厘米
翼展：45 厘米
体重：86~170 克
社会单位：群居
保护状况：无危
分布范围：北美洲与中美洲；南美洲北部至哥伦比亚

哀鸽中等体形，头部较小，尾巴很长。眼睛周围为蓝绿色的裸露的皮肤所包围。它们主要的食物为在地面上寻得的种子，也经常吃一些植物。习惯吃一些沙子，因为沙子有助于磨碎较硬的种子。浆果也是它们的食物，偶尔也吃昆虫和蜗牛。在求偶时期，雄鸟会发出一系列的鸣叫声，并喧闹地进行飞行展示。之后雄鸟和雌鸟双方紧密结合进行交配。

Columbina passerina

普通地鸠

体长：14~17 厘米
体重：31~38 克
社会单位：群居
保护状况：无危
分布范围：美国南部、中美洲、南美洲北部

雄鸟的头部、颈部和腹部为粉红色，背颈部呈鳞片状。雌鸟的羽毛为灰色，翅膀上有明显的棕色斑纹，在飞行时可以清楚地看见。它们主要的食物为谷物，但也经常吃昆虫。成群移动，较喜爱开放的植被剥离土壤的空间。它们的鸣叫声单调且温和。

Zenaida auriculata

斑颊哀鸽

体长：22~26 厘米
翼展：31~33 厘米
体重：112 克
社会单位：群居或成对
保护状况：无危
分布范围：分布于南美洲和加勒比部分地区，亚马孙地区除外

斑颊哀鸽的羽毛为灰色，雄鸟有粉红色的色调。栖息于热带草原、草原和农作物种植区，在城市和乡村同样也可发现它们的踪迹。它们一般不栖息于茂密的森林和雨林，较喜欢开放式的空间。主要的食物为在地面上寻得的种子。鸟巢建得相当简易，通常直接筑于地面上。繁殖期跟它们所吃的食物有关，在一年之中的任何时间都可能繁殖。雌鸟产 2 枚卵，孵化期为 15~18 天。聚集成群共同居住，数量可达数千只。在某些地方，它们被认为是农作物的破坏者。

Metriopelia melanoptera

黑翅地鸠

体长：21~23 厘米
体重：119 克
社会单位：群居
保护状况：无危
分布范围：南美洲安第斯山脉

黑翅地鸠的颜色一般为灰色，在肩部有白色斑纹，飞行时更加清晰可见。腿的颜色为泛白的黑色，以此可以把它们和外观相似的同类物种如斑颊哀鸽（*Zenaida auriculata*）区别开来。栖息于南美洲安第斯山脉地区，海拔介于1000~4500米之间，但在冬季时通常会飞往山谷寻找气候条件较好的地区避寒。

它们的个性较害羞且冷漠。习惯在陆地栖息，但只要有一点威胁便会立即飞至不远的地方再度停下休憩。繁殖期跟雨季和所吃的食物相关。通常它们在夏季群体筑巢，有10~20对将要繁殖的伴侣结伴聚集，在灌木丛或河岸边一起筑巢。雌鸟产2枚白色的卵。

Columbina squammata

鳞斑地鸠

体长：18~22 厘米
体重：51 克
社会单位：群居
保护状况：无危
分布范围：南美洲

鳞斑地鸠是一种羽毛与众不同且引人注目的鸽子，羽毛颜色为灰色或褐色，边缘为黑色，外观看起来很像鳞片。它们天然的栖息环境包括亚热带灌木丛、热带潮湿地区以及季节性水淹草原。主要食物为谷类。它们吃各式各样在地面上寻得的种子。它们只在隐藏时发出鸣叫声，拍打翅膀时，会发出奇特的声音，让人联想到响尾蛇（响尾蛇属）。

Caloenas nicobarica

尼柯巴鸠

体长：33~40 厘米
体重：600 克
社会单位：群居
保护状况：近危
分布范围：尼柯巴岛和印度尼西亚

尼柯巴鸠为尼柯巴鸠属中的唯一物种，是目前已经绝种的渡渡鸟（*Raphus cucullatus*）的近亲。颜色为蓝灰色，其特征在于颈部和背部的带虹彩的羽毛，羽毛很长，且有金属铜及绿色调。它们白天会成群地在岛上移动觅食，寻找谷物、果实和小型节肢动物，夜晚休憩。

Leptotila verreauxi

白额棕翅鸠

体长：25~31 厘米
体重：99~230 克
社会单位：群居
保护状况：无危
分布范围：美国南部、中美洲和南美洲北部

白额棕翅鸠也被称为白尾梢棕翅鸠或本布纳鸟。它们的分布范围很广，每个区域都有几个常见的名称。它们的眼环可以为红色或蓝色。习惯栖息于陆地，一天中的大部分时间都躲藏在树林和丛林间，因此听到它们鸣叫声的次数比看到它们还多。种子是它们主要的食物，此外也吃果实和昆虫。在觅食时展现出它们好斗的个性，会跟踪同类，并用喙攻击同类。它们将鸟巢筑在高度较低的树上，用粗树枝建造一个平台。跟大多数鸽子不同，它们会维持鸟巢的干净整洁。雌鸟产1~3枚奶油色的卵。

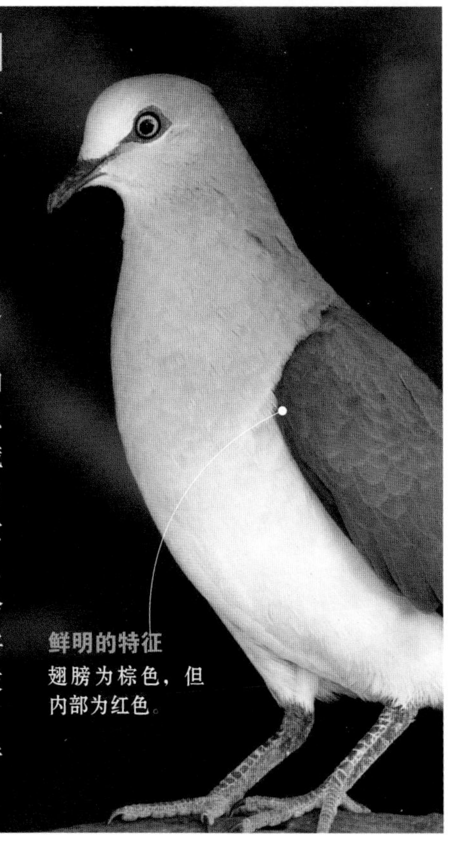

Hemiphaga novaeseelandiae

新西兰鸠

体长：46~50 厘米
体重：600~800 克
社会单位：群居
保护状况：近危
分布范围：新西兰

新西兰鸠是新西兰的特有鸟类，共有两个亚种，一种是新西兰鸠，另一种为诺福克岛鸽，其中后者已经绝种。上层羽毛的典型颜色为带虹彩的绿色，并有铜色、紫色和银灰色的色调。腹部的羽毛为纯白色。栖息于森林内部地势较低的区域，在那里以果实、叶子和嫩芽为食。发情期的雄鸟会进行飞行展示。伴侣之间一整年都生活在一起。通常在春季或是夏季交配，双方共同轮流孵化唯一一枚卵。孵化期约为1个月，之后由雌鸟使用存于嗉囊的“鸽乳”哺育雏鸟 35~45 天。

它们是受当地法律保护的鸟类，但依然受到偷猎者的威胁。另外，栖息地的破坏和外来掠食者的入侵也是其面临的主要威胁。

有力的喙
使它们能吃大的果实。喙的尖端明显更加有力。

生态位
在当地的生态系统中扮演着重要的角色：它们可以散播种子，因为它们以当地的各种果实和核果为食。

Ducula aenea

绿皇鸠

体长：43~45 厘米
体重：460~600 克
社会单位：群居
保护状况：无危
分布范围：东南亚地区

绿皇鸠名称的命名源自其翅膀、背部和尾巴的金属绿色的羽毛，跟头部、胸部和腹部的灰色羽毛形成鲜明的对比。背颈部区域的羽毛为红色。树栖性，栖息于热带丛林和红树林。它们在树林中觅食，主要的食物为果实、核果和浆果。将鸟巢简单地筑于较低的树上，雌鸟只产 1 枚白色卵，孵化时间为 18 天。它们不是很合群，但有可能会组成小群体。有时候可以看到它们跟民岛犀鸟（*Penelopides mindorensis*）聚集在一起。

Treron calvus

非洲绿鸠

体长：30 厘米
体重：240 克
社会单位：群居
保护状况：无危
分布范围：撒哈拉沙漠以南的非洲地区

非洲绿鸠的羽毛整体为绿色，背部的颜色为较深的橄榄绿。喙基部为红色，眼睛偏白。栖息的区域广泛，如草原、茂密的森林和海岸沙丘。它们的主要食物为果实，但同样也吃小种子和腐肉。雌鸟使用雄鸟寻得的树枝和树叶将鸟巢筑于树上。

Ducula bicolor

斑皇鸠

体长：38~44 厘米
体重：456 克
社会单位：群居
保护状况：无危
分布范围：东南亚地区及大洋洲

斑皇鸠的羽毛颜色为对比鲜明的黑色和白色，栖息于热带红树林及太平洋和印度洋的沿岸森林。它们从筑巢的岛屿经长途飞行至大陆沿岸地区，在那里繁殖并觅食，其主要食物为果实。在繁殖期它们会成群聚集，通常有 10~30 只个体聚集在一起。

Goura victoria

维多利亚凤冠鸠

体长：66~74 厘米
体重：2.5 千克
社会单位：群居
保护状况：易危
分布范围：巴布亚新几内亚

维多利亚凤冠鸠的颜色通常为浅蓝色，有一个独特的鸟冠，是世界上体形最大的鸽子。其主要食物为在地面上寻得的水果和种子。通常结成小群体一起行动。一夫一妻制。雌鸟所产的唯一一枚卵由双方共同孵化约 1 个月。哺育雏鸟也是由双方共同负责的。

沙鸡

门：脊索动物门
纲：鸟纲
目：沙鸡目
科：沙鸡科
种：16

沙鸡科只有两个属，为沙鸡属和毛腿沙鸡属。其物种主要分布于亚非拉地区的开放地带和半干旱地区。它们的身体强壮且结实，颜色为带有斑点的棕色或绿色。它们的身体外观跟鸽子相似。其为群居性物种，主要食物为谷物，雌鸟产2~3枚卵，并将卵直接产于地面上。

Pterocles senegallus

斑沙鸡

体长：30~35厘米
体重：263克
社会单位：群居
保护状况：无危
分布范围：意大利、非洲北部、亚洲南部

斑沙鸡的羽毛为深色，基色为赭色。它们很容易与环境融合在一起。在喉咙和脸的两侧有斑纹。它们的名称命名源自雌鸟翅膀末端深棕色的圆斑。雄鸟的斑纹延伸到背部和尾部。栖息于植被稀少的半干旱区、沙地或岩石区，但总是靠近水源区。主要的食物为较硬的种子。雌鸟产2~4枚深色的卵，它们会选择一个天然的凹陷处或挖很浅的洞产卵。孵化期为28~31天，雄鸟负责在夜晚育雏。雌鸟负责在白天育雏。因为雌鸟的皮肤蒸发功能良好，所以它能保持干燥凉爽。雏鸟出生后1小时就有能力跟随它们的父母移动，但需要6~8周才具备独自飞行的能力。它们在10月份开始迁徙至阿尔及利亚和摩洛哥过冬。

颜色
它们身体的颜色让它们很容易融入沙漠环境。

生命能源
它们需要喝水，每天至少两次。它们可以飞行60千米寻找水源。雄鸟可将水储存在羽毛里。

Pterocles orientalis

黑腹沙鸡

体长：30~35厘米
体重：470克
社会单位：群居
保护状况：无危
分布范围：欧洲、非洲北部和中东地区

黑腹沙鸡跟其他沙鸡不同的是腹部的颜色为黑色。雄鸟和雌鸟的背部都有密密麻麻的黄棕色和黑色的斑纹，在喉咙和脸颊有棕色斑纹。栖息于干旱且植被稀少的地区。主要食物为种子和昆虫，需要经常摄取水分。

Pterocles decoratus

黑脸沙鸡

体长：33厘米
体重：184克
社会单位：群居
保护状况：无危
分布范围：非洲东部

黑脸沙鸡的特征是脸部颜色为黑色。羽毛整体颜色为棕褐色，每片羽毛都有黑色和橙色的条纹，胸部为白色，上方以黑色线条为界。栖息于干旱开阔的草原和灌木区。

鹦鹉

它们有色彩艳丽的羽毛、活动灵敏的喙以及强而有力的双脚。它们在全世界被当作宠物饲养，某些特别的物种有模仿人类说话的能力。商业活动以及栖息地被改造是它们面临的主要威胁。

一般特征

鹦形目鸟类包括鹦鹉、金刚鹦鹉、虎皮鹦鹉、和尚鹦鹉及其他种类。它们大且坚固的喙呈弯曲状，舌头多肉，在觅食时是破坏果实提取种子的有效工具。它们的脚趾两趾朝前，两趾朝后。它们是群居性鸟类，且通常相当吵闹。很多物种因为被视为宠物而面临绝种的威胁。它们栖息于热带和亚热带地区，主要生活在南半球。

门：脊索动物门

纲：鸟纲

目：鹦形目

科：1

种：364

引人注目的羽毛

主要颜色为绿色，但也有些物种的颜色为红色、黄色、蓝色、白色和黑色。

描述

鹦形目鸟类的体形相当多样。紫蓝金刚鹦鹉（*Anodorhynchus hyacinthinus*）的体长可达1米；鸮鹦鹉（*Strigops habroptilus*）的体重最重，可达3千克。然而，也有体长只有几厘米的物种，如棕脸侏鹦鹉（*Micropsitta pusio*）。它们的羽毛颜色通常丰富多彩，包括绿色、蓝色、红色和黄色，但主要颜色为绿色。尾巴可能很长，末端可能很尖、很宽或呈圆形，尾巴也可能很短且呈方形。它们的喙较厚且呈钩状，边缘锋利，有利于它们破坏种子的外壳和磨碎植物。颌骨肌肉发达，有自由且能独立移动的关节，这使它们觅食时更容易活动。跟其他鸟类不同，鹦鹉有一个多肉的圆形舌头，让它们能容易地打开种子。某些鹦鹉的舌头较粗糙，它们用来提取花朵的花蜜和花粉。它们的脚趾成对排列，第二趾和第三趾朝前，第一趾和第四趾朝后。这是攀禽鸟类的特点，使它们具有操纵物体的高超技能，利于它们在森林中的树枝间穿梭或支撑身体将头部朝下获取食物。鸮鹦鹉（*Strigops habroptilus*）是鹦形目中唯一不能飞行的鸟类。三分之一的鹦形目物种面临灭绝的危险，栖息地的破坏（特别是它们筑巢的孔洞遭到破坏）以及狩猎它们作为宠物销售是它们面临的主要威胁。

行为

大部分鹦形目鸟类都是日行性的。它们成对或者成群居住，很少独居，有些物种会建立自己的居住地。主要的食物为在树梢之间寻得的果实和种子。有些物种的饮食包括蜂蜜、花蜜、花粉、树木的块根以及块茎的分泌物。它们很少捕捉昆虫。它们能用其中一只脚将食物放入嘴中，为树栖性鸟类的特有行为，在地面上觅食的物种几乎没有这种行为。由于它们在进食的时候会先将种子破坏，因此，鹦形目鸟类不会将种子传播至其他区域，有些时候可能会影响某些植物的产量。它们舌头的结构可使它

喙

鹦形目鸟类的喙比其他鸟类的喙活动能力更强。它们的上颌骨、额骨和鼻腔之间有一个发达的关节，使喙能张开至最大。基于这个特点以及厚且呈钩状的特色，它们的喙成为辅助支撑于树干的良好工具。其喙的顶部突起，使其可以撬开果实和种子。下颌骨底端尖锐，使它们可以将硬壳弄碎。

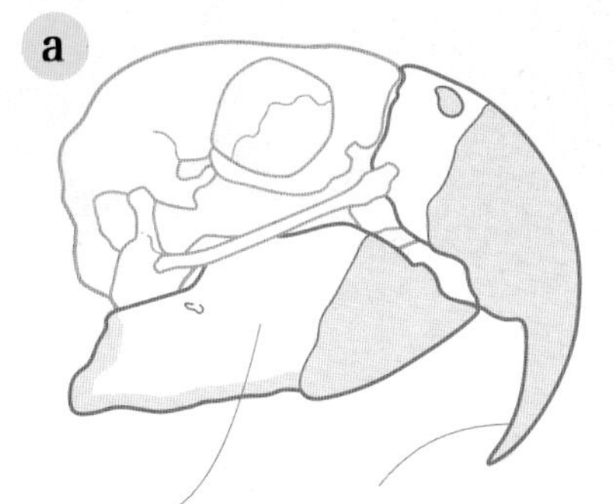

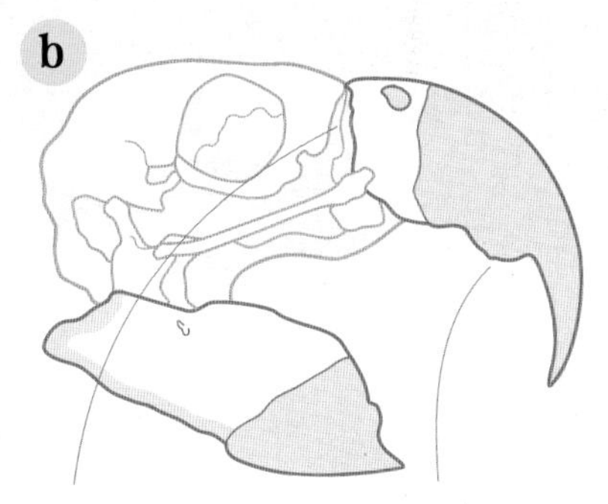

下颌骨
坚固，底端尖锐，用于切割坚果的硬壳。

顶端
尖锐且呈钩状，有助于进食和攀爬树枝。

关节
使喙能灵活移动，用于撬开种子。

分叉
喙上有一个突起，让它们可以固定果实和种子，以便去除其外壳。

们发出声音，用于在树枝间相互沟通。这些发声能让它们维持彼此间的关系，且加强群体的凝聚力。当它们看见肉食性动物出现时会发出大声的鸣叫声。在人类的饲养下，它们可以学习模仿单词、句子或其他声音，展现出其学习才能，这可能要归功于它们大脑的发展。虽然它们不知道所发出声音的意思，但它们能在适当的时候发出这些声音，因为它们有在某些特定情况下联想到其声音的能力。其中非洲灰鹦鹉（***Psittacus erithacus***）和亚马孙鹦鹉（亚马孙鹦鹉属）是将人类声音模仿得最像的物种。

栖息与分布

大部分鹦鹉栖息于热带地区，某些也栖息于温带地区，主要分布于南美洲、澳大利亚和非洲。中美洲、新西兰、新几内亚岛、亚洲南部、阿拉伯半岛和美国的某些地区也可发现它们的踪迹。亚马孙鹦鹉、和尚鹦鹉和大型金刚鹦鹉栖息于南美洲。情侣鹦鹉（情侣鹦鹉属）栖息于非洲，凤头鹦鹉和虎皮鹦鹉（虎皮鹦鹉属）栖息于亚洲南部和大洋洲。只有少数物种栖息于海拔高3000~4000米的山区。红领绿鹦鹉（***Psittacula krameri***）是地球上分布最广的鹦鹉。有许多物种仅在一些特定区域或小岛出现，是这些地方的特有物种。

繁殖

求偶的方式通常很简单，由一些简单的动作所组成，像弯身、将翅膀下垂或是摇尾巴。在交配前它们会互相轻啄、梳理羽毛和喂食。它们将鸟巢筑于树洞、岩石之间和地面上，用树枝和棍棒交错建造而成。和尚鹦鹉（***Myiopsitta monachus***）是该科鸟类中唯一用树枝搭建公共巢穴的物种。它们所筑的鸟巢一整年间都有数量不同的鹦鹉入住。但在繁殖期，每个巢穴只有一对饲养雏鸟的成鸟共同入住。有些物种，像掘穴鹦哥（*Cyanoliseus patagonus*），会钻入悬崖，在那里成群建立栖息地，数量可高达数万只。雌鸟产2~5枚卵，有的甚至更多。卵主要由雌鸟孵化，雄鸟负责保护鸟巢。孵化的时间约为20天，体形较大的物种孵化期可能会较长。某些物种的雏鸟成长速度较慢。它们出生时羽毛较少或没有羽毛，可能需数年的时间才会长出成鸟的羽毛。

攀爬和进食

脚的特征依序如下：跗骨短而有力，共有4个脚趾，第一个和第四个脚趾朝后，第二个和第三个脚趾朝前，如此的构造使脚的抓握功能良好，适用于在树枝间移动并抓取食物。相反，它们在地面行走时较笨拙。

趾甲
跟其他攀禽一样，鹦形目鸟类的趾甲很长且弯曲，也相当锋利，使它们易于在树枝间轻松攀爬移动。

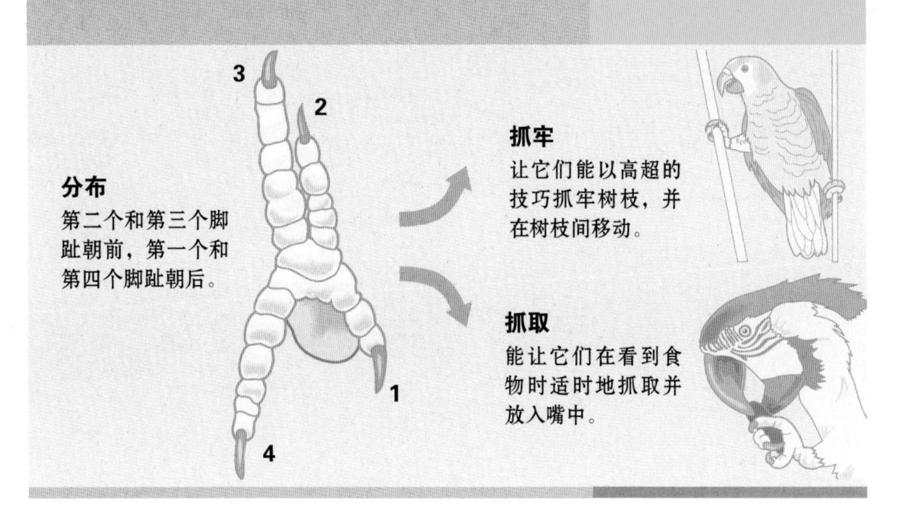

凤头鹦鹉

门：脊索动物门
纲：鸟纲
目：鹦形目
科：凤头鹦鹉科
种：21

它们是鹦鹉（鹦鹉科）的近亲，二者外观非常相似，但凤头鹦鹉的体形通常比大多数的鹦鹉大。它们的头顶上有一个羽冠。原产于亚洲和大洋洲，主要的羽毛颜色有三种，分别为白色、黑色搭配其他颜色或是带有粉红色或黄色斑点的灰色。

Eolophus roseicapillus

粉红凤头鹦鹉

体长：35 厘米
体重：270~350 克
社会单位：群居
保护状况：无危
分布范围：澳大利亚

粉红凤头鹦鹉的羽毛颜色为粉红色和灰色，不易与其他鹦鹉混淆。雄鸟和雌鸟外观相似，但可从虹膜的颜色区分，雄鸟的虹膜几乎呈黑色，雌鸟的虹膜为淡红色或褐色。它们是澳大利亚最普遍的凤头鹦鹉，栖息的方式为群居。经常栖息的区域包括森林和河岸地区。主要的食物为种子（包括谷物）、叶芽、昆虫、蛹和树根。当它们在地面进食时会发出鸣叫声和其他伙伴保持联系。跟大多数的凤头鹦鹉不同，它们能够迅速地飞行且有节奏地拍打翅膀。为一夫一妻制，雏鸟出生 4 年之后即达到性成熟。孵化和哺育雏鸟都由双方共同负责。它们将鸟巢筑于树洞中，并用树叶覆盖。卵为椭圆形，颜色为白色，通常产 2~5 枚卵，孵化时间约为 25 天。雏鸟在出生 49 天之后离开鸟巢。它们因为庞大的数量和觅食方式而被认为对农业是有害的。

Cacatua galerita

葵花凤头鹦鹉

体长：44~55 厘米
体重：750~900 克
社会单位：群居
保护状况：无危
分布范围：澳大利亚、巴布亚新几内亚和印度尼西亚

葵花凤头鹦鹉的羽毛为白色，喙为黑色，其黄色的鸟冠颇具特色，可依其意愿张开，特别是在求偶时。为群居鸟类。当某个群组在地面觅食，寻找种子、坚果、水果和昆虫时，其他群组则负责巡视树木附近的情况，以防止可能发生的危险。可以在树木茂密的地区发现它们的踪迹，如公园和花园，有时候它们也会出现在河岸的森林区。为一夫一妻制。它们将鸟巢筑于树洞，雌鸟产 2~3 枚卵，孵化期为 27 天。栖息于澳大利亚的物种繁殖期为 8 月至次年 1 月，栖息于北方的物种则在 5~9 月。雏鸟由双方共同哺育。

鹦鹉

门：脊索动物门
纲：鸟纲
目：鹦形目
科：鹦鹉科
种：332

它们主要分布于热带地区和南半球的亚热带地区，但也有一些物种栖息于温带和较寒冷的地区。大部分栖息于森林和雨林，且拥有艳丽的色彩。强而有力且呈钩状的喙是它们的特色，这种喙使它们能够破坏食物的硬壳，从而获得它们所需的种子。它们的脚有4个脚趾，两趾朝前，两趾朝后。

Trichoglossus haematodus

虹彩吸蜜鹦鹉

体长：25~32 厘米
体重：100~167 克
社会单位：群居
保护状况：无危
分布范围：澳大利亚、巴布亚新几内亚和印度尼西亚

虹彩吸蜜鹦鹉的羽毛颜色亮丽多彩，脸部和腹部为蓝色，身体的羽毛颜色为红色、橙色、黄色和绿色。

它们栖息于地势较低的区域以及半山腰，成群聚集在一起，活跃且嘈杂，不断在树梢上移动。根据其觅食的区域不同它们所栖息的环境也不同，通常为草原、红树林、雨林、森林、沿岸地区的树林，此外，也栖息在种植园以及城市的园林。它们的食物主要为花朵，此外，也吃水果、浆果、种子、叶芽和昆虫幼虫。为一夫一妻制，求偶时雄鸟会扇动它们的翅膀，以展示多彩的底部。它们将鸟巢筑于树洞，雌鸟产2~3枚卵，孵化期大约为25天，由雄鸟负责提供食物。双方共同哺育雏鸟。雏鸟大约在8周后离开鸟巢。

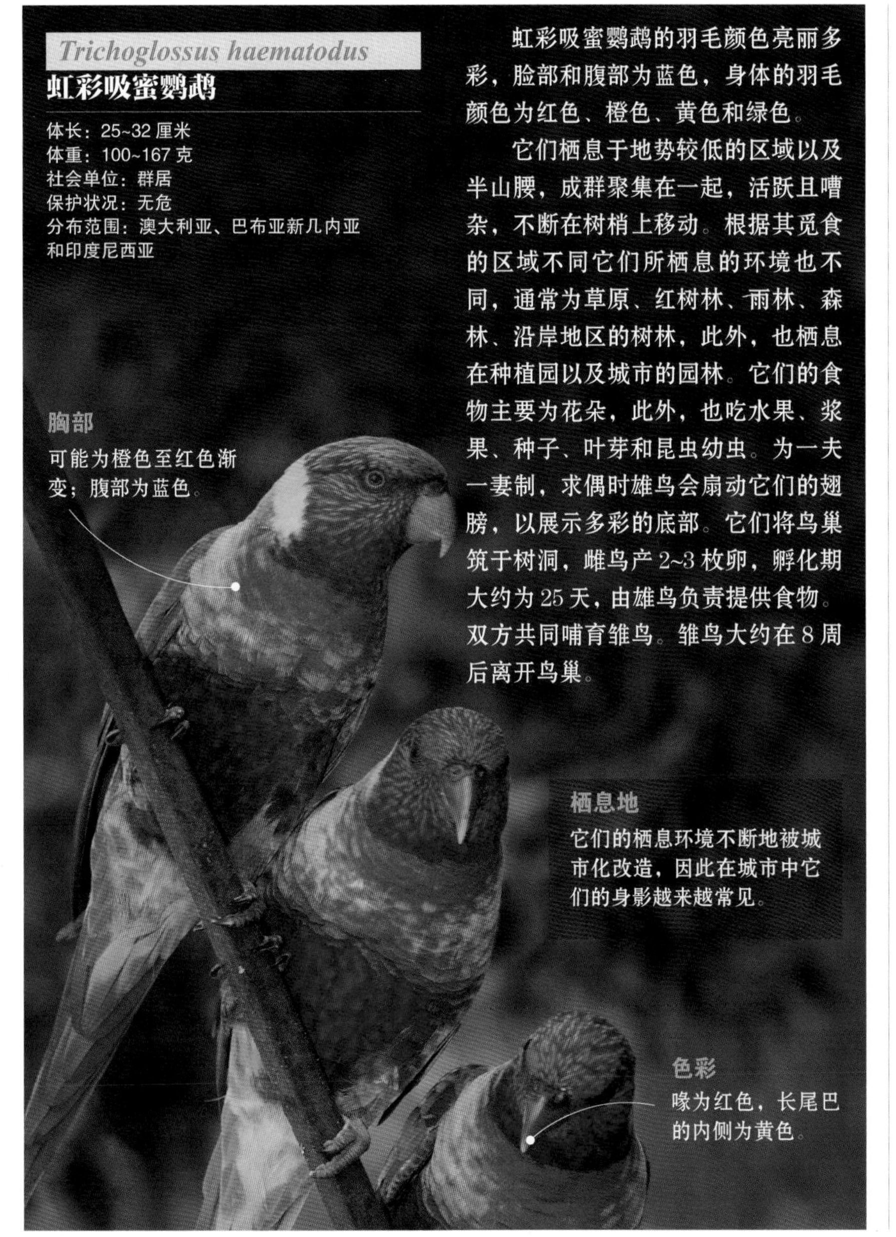

Trichoglossus chlorolepidotus

鳞胸吸蜜鹦鹉

体长：22~24 厘米
体重：86 克
社会单位：群居
保护状况：无危
分布范围：澳大利亚东部

鳞胸吸蜜鹦鹉的颜色通常为绿色，胸部和颈部的羽毛呈鳞片状，个体的羽毛分布情况不同，幼鸟的鳞片状羽毛较不明显。虹膜和喙为红色，脚为灰色。它们的绿色羽毛容易和植被混淆。雄鸟和雌鸟的外观无差异。栖息于沿海林区和大堡礁的一些岛屿。为定居性鸟类，擅于交际。习性和虹彩吸蜜鹦鹉（*Trichoglossus haematodus*）相似，经常可以看见它们混入其他鸟类的群体中。一整年除了3~4月之外都会筑巢，它们将巢筑于高树的树洞，使用碎树皮铺底。雌鸟产2~3枚卵，孵化期为25天。

Strigops habroptilus

鸮鹦鹉

体长：59~65 厘米
体重：0.95~4 千克
社会单位：独居
保护状况：极危
分布范围：新西兰

鸮鹦鹉是众多类型的鹦鹉中唯一不能飞行的鹦鹉。它们的翅膀很短，胸骨较小，骨盆比其他种类的要大，胸肌和其他鹦鹉相比较不发达，但是双脚相当有力，擅于步行。

它们在夜间较活跃，主要的食物为植物种子、果实、花粉和汁液。在繁殖季节，雌鸟会选择性地与雄鸟交配，而雄鸟会聚集在特定的地方分组炫耀。雌鸟最多产 3 枚卵，直接产于地面，之后由雌鸟负责孵化和照顾雏鸟。雏鸟出生后 10~12 周离开鸟巢。

保护状况

目前野生种群数量估计只有124 只，为了预防它们灭绝，人类正实施多项育种计划、人工授精计划以及其他保护方案。

Nestor notabilis

啄羊鹦鹉

体长：38~48 厘米
体重：600~960 克
社会单位：群居
保护状况：易危
分布范围：新西兰

啄羊鹦鹉的身体结实，具有长喙和黑橄榄色的羽毛。翅膀为绿色，末端的颜色较深且偏蓝。栖息于山区多岩石的山坡及森林中，季节性地移居至草原或高大的灌木区。它们为群居鸟类，活跃且嘈杂，主要的食物为芽、根、果实、种子、花朵、花蜜和昆虫。

Prosopeia tabuensis

红胸辉鹦鹉

体长：45 厘米
体重：280 克
社会单位：可变
保护状况：无危
分布范围：斐济群岛，被引入汤加群岛

红胸辉鹦鹉有三个公认亚种，每一个亚种成群栖息于岛屿中，特别是在斐济群岛和汤加群岛。头部颜色为鲜红色至紫色或棕色，腹部颜色为红色。栖息于成熟的森林、红树林和海拔 1250 米以内的灌木丛。此外，也经常在次生林、花园和种植区发现它们的踪迹。它们主要的食物为果实，如木瓜、香蕉和番石榴，也吃昆虫幼虫和玉米等农作物。它们在白天时相当安静，接近黄昏时开始鸣叫，直至日落才停息。雌鸟在 6 月至次年 1 月间生产，通常产 1~4 枚卵。

Melopsittacus undulatus

虎皮鹦鹉

体长：18~20 厘米
体重：23~32 克
社会单位：群居
保护状况：无危
分布范围：澳大利亚

虎皮鹦鹉是一种小型的鹦鹉，是作为宠物最受欢迎的物种之一。野生物种的羽毛颜色为绿色，背部和覆羽的颜色为黑色。它们栖息于开放式的环境，如热带草原、干旱的灌木林、树木茂密的牧场、森林以及种植区。它们可以长时间地在无水的情况下生活。它们成群一同移动寻找水和食物，主要的食物为在草木中寻得的种子。为一夫一妻制，成群共同筑巢，可能将巢筑于树木的树洞中和已倒下的树木的洞孔中。雌鸟产 4~8 枚卵，孵化期约为 18 天。

Psittinus cyanurus

蓝腰鹦鹉

体长：18 厘米
体重：85 克
社会单位：群居
保护状况：近危
分布范围：东南亚

蓝腰鹦鹉是该属属种的唯一物种，体形较小，头部和胸部的颜色可能为铜蓝色，背部的颜色为灰色。喙为红色，或顶端为淡红色，下颌是黑色或褐色。栖息的区域包括海拔 700 米以内的干燥森林、灌木丛、红树林、农作物种植区。它们安静地在树冠上进食，主要的食物为种子、水果和嫩芽。为群居鸟，最多有 20 只个体共同居住。在陆地的繁殖期为 2~5 月，在岛上的繁殖期为 6~9 月。雌鸟产 3~5 枚卵。

Alisterus scapularis

澳洲王鹦鹉

体长：43 厘米
体重：195~275 克
社会单位：群居
保护状况：无危
分布范围：澳大利亚东部

澳洲王鹦鹉的羽毛呈对比的红色和绿色，尾巴长且颜色较深。具有明显的性别二态性。栖息于海拔低于1625 米的亚热带和温带雨林潮湿的高地。繁殖期时它们除了在上述地区活动之外，也经常到靠近河流的稀疏草原。休息时，它们会到地势较低的种植园、公园和花园。它们于 9 月至次年 2 月间筑巢，雌鸟产 3~6 枚卵。

食物

它们通常在白天成群觅食，中午休息，下午再进食。主要的食物为种子、水果、坚果、芽和昆虫。

双色的喙

上颌为红色，喙尖为黑色；下颌为黑色。

颜色

雄鸟的头部、胸部和腹部为红色。

Aprosmictus erythropterus

红翅鹦鹉

体长：30~35 厘米
体重：120~210 克
社会单位：群居
保护状况：无危
分布范围：澳大利亚、巴布亚新几内亚和印度尼西亚

红翅鹦鹉从红树林中寻得食物，同样也吃各种水果、种子、花朵和昆虫。成群居住，最多数量可达 15 只，栖息地包括金合欢树丛林、红树林、草原和种植园。某些群体为迁徙鸟类，但大部分为定居鸟。在澳大利亚北部的繁殖期为 4~5 月，南部的繁殖期为 8 月至次年 2 月。雌鸟产 3~6 枚卵。

Psittacus erithacus

非洲灰鹦鹉

体长：33 厘米
体重：400 克
社会单位：群居
保护状况：近危
分布范围：非洲中西部

非洲灰鹦鹉也被称为灰鹦鹉，身体结实，呈灰色，羽毛中等长度，为红色。它们为定居鸟且相当嘈杂，特别是在一大群聚集在一起休息时。它们栖息于热带常绿季雨林，但在沿海森林、红树林、种植园、公园和花园也可发现它们的踪迹。它们主要的食物为种子、坚果和浆果，同样也吃棕榈果的果肉，因此其有时候被认为是种植园的有害动物。雌鸟产 2~3 枚卵，孵化期为 21 天。雏鸟在出生 10 周后离开鸟巢。

Agapornis fischeri

费沙氏情侣鹦鹉

体长：15 厘米
体重：42~58 克
社会单位：群居
保护状况：近危
分布范围：坦桑尼亚

费沙氏情侣鹦鹉体形小，色彩艳丽优雅，经常被捕捉作为宠物进行买卖。它们的羽毛是呈对比的绿色和橙色，喙为红色。雄鸟和雌鸟的外观无性别差异。

主要栖息于海拔高度介于 1100~2200 米的草原和稀树牧场，在干旱季节时栖息于河岸森林。它们主要的食物为牧草、谷类、金合欢树的果实、草、浆果和其他果实。它们可能成群地在当地迁徙，特别是迁往种植区，在那里聚集成一大群，因此可能被认为是对农业有害的动物。繁殖期为 1~7 月，雌鸟产 4~6 枚卵，产于高度介于 2~15 米的树洞内。它们在树洞内用树枝和树皮碎片筑成巢穴。雌鸟孵卵的时间约为 23 天。雏鸟的外观和成鸟相似，在出生 38~42 天后开始飞行。

突出的眼睛

在眼睛的周围有突出的白色环。

颜色

胸部的颜色较淡，喉咙和脸部的颜色较深。

抢夺鸟巢

它们经常使用该地区一种雀形目鸟类——棕尾织雀（*Histurgops ruficauda*）所建造的鸟巢。

Ara ararauna

蓝黄金刚鹦鹉

体长：76~86 厘米
体重：0.9~1.28 千克
社会单位：群居
保护状况：无危
分布范围：南美洲和加勒比海地区

蓝黄金刚鹦鹉体形大，色彩鲜艳且杂乱，拥有强而有力的黑色喙，用于进食时破坏种子和果实的硬壳，同样也有助于它们在树上攀爬。栖息于靠近水源的林区，为群居鸟，通常栖息在河岸地区，经常与其他同种类的鹦鹉共同居住。雌鸟产 2~4 枚卵。

Anodorhynchus hyacinthinus

紫蓝金刚鹦鹉

体长：68~100 厘米
体重：1.56 千克
社会单位：可变
保护状况：濒危
分布范围：南美洲中部

紫蓝金刚鹦鹉也被称为紫金刚鹦鹉，为全世界体形最大的鹦鹉。它们的羽毛颜色几乎一致呈紫蓝色。它们栖息于潘塔纳尔不同环境的沼泽地（棕榈树及稀树草原、森林、淹没的草原）以及巴西的塞拉多（森林边缘、灌木林和棕榈林）。它们的声音相当嘈杂，特别是在飞行的时候。为定居鸟，但因食物来源而季节性地迁徙。其主要食物为棕榈树的种子，偶尔也吃一些果实和福寿螺（福寿螺属）。为一夫一妻制，于 7~12 月间繁殖，并将鸟巢筑于悬崖或树洞。雌鸟产 2~3 枚卵，通常只有 1 枚孵化成功。

黑色大喙

相当有力，上颌很长且非常弯曲。

保护状况

它们的数目因为狩猎、森林砍伐和农业发展正逐渐减少。

Ara chloroptera

绿翅金刚鹦鹉

体长：85~90 厘米
体重： 1~1.7 千克
社会单位：群居
保护状况：无危
分布范围：南美洲和巴拿马

绿翅金刚鹦鹉是全世界体形第二大的鹦鹉，排名在紫蓝金刚鹦鹉之后，猩红色的羽毛相当引人注目。翅膀为蓝色，具有鲜明的绿色带，跟绯红金刚鹦鹉（***Ara macao***）的翅膀相似，但绯红金刚鹦鹉翅膀的色带为黄色。栖息于森林、热带雨林，以及海拔高至 1400 米的草原。它们在树冠中寻找食物，主要的食物包括果实、种子、花蜜、花和花蕾，也吃泥土，摄取矿物质以帮助消化。为一夫一妻制，繁殖的时间介于 10 月至次年 2 月，并将巢筑于树洞或悬崖洞孔内。雌鸟产 2~3 枚卵，并负责孵化，孵化期为 28 天。雏鸟于出生后 90 天离开鸟巢。绿翅金刚鹦鹉可能和其他金刚鹦鹉集结成群。

翅膀色带

为绿色，通常只在飞行时才能被明显地看见。

Nandayus nenday

南达锥尾鹦鹉

体长：30~37 厘米
体重：140 克
社会单位：群居
保护状况：无危
分布范围：南美洲中南部

南达锥尾鹦鹉体形中等，特点较独特，羽毛通常为绿色，翅膀为蓝色，头部颜色为黑色。主要食物为棕榈果实，也吃农作物，因此它们可能被认为是对农业有害的动物。组成小群或大群一起寻找食物。将巢筑于树洞。雏鸟一直待在亲鸟身边，直至下一个繁殖期的来临。

Cyanoliseus patagonus

掘穴鹦哥

体长：42~47 厘米
体重：260~390 克
社会单位：群居
保护状况：无危
分布范围：阿根廷、智利，偶见于乌拉圭

掘穴鹦哥是体形中等的鹦鹉，尾长且尾羽呈阶梯状。它们共同聚集于峭壁和悬崖筑巢，聚集的数目可达数千只。栖息于开放式的空间，主要为半干旱的沙漠。雌鸟产 2~5 枚卵。它们跟其他同类鹦鹉一样会发出有力的鸣叫声，但声音较沙哑且柔和，颇具特色。它们是宠物交易的主要对象。

Pionus menstruus

蓝头鹦哥

体长：24~27 厘米
体重：220 克
社会单位：群居
保护状况：无危
分布范围：中美洲和南美洲

蓝头鹦哥的特色在于带有黑色斑点的蓝色头部，身体结实，尾巴较短。栖息于热带和亚热带的丛林边缘、森林、稀树草原、林地、田地甚至是种植园。它们在睡眠时聚集成一大群，白天时个别分成小群组寻找食物，主要食物为成熟的水果、种子、坚果和花朵。

Amazona leucocephala

古巴亚马孙鹦鹉

体长：28~33 厘米
体重：240~260 克
社会单位：成对或群居
保护状况：近危
分布范围：安的列斯群岛（古巴、开曼群岛和巴哈马）

古巴亚马孙鹦鹉的羽毛颜色通常为绿色，边缘为黑色，看起来像是鳞片，脸部和头部的颜色为白色或粉红色。冬季时它们会聚集成群，繁殖期时它们成对行动。主要的食物为水果和种子。除了栖息在阿巴科群岛地区的古巴亚马孙鹦鹉将巢筑于峡谷中的孔洞之外，其他区域的古巴亚马孙鹦鹉将巢筑于树洞。它们被人类捕捉作为宠物。

Enicognathus ferrugineus

南鹦哥

体长：33 厘米
体重：160 克
社会单位：群居
保护状况：无危
分布范围：阿根廷和智利

南鹦哥栖息于安第斯—巴塔哥尼亚地区的森林和一些开放区域，特别是其分布地的北部，可在海拔 2000 米以下的地方发现它们的踪迹。

为群居鸟，最多可达 100 只个体共同聚集在一起。它们喜欢栖息于人类居住的区域，主要食物为种子，但也吃水果、浆果、叶芽和花粉。繁殖期为夏季，介于 12 月至次年 1 月。它们的鸟巢建在树洞中，雌鸟产 4~8 枚卵。它们是所有鹦鹉中抵达非洲大陆最南端的物种。它们跟分布范围相对较小的尖嘴锥尾鹦鹉（*Enicognathus leptorhynchus*）相比，数量较少。它们是仅有的两种生活在南极次大陆森林中的物种。

Deroptyus accipitrinus

鹰头鹦鹉

体长：35 厘米
体重：190~275 克
社会单位：小群体
保护状况：无危
分布范围：亚马孙河流域

鹰头鹦鹉后颈部竖起的红色羽毛相当引人注目，羽毛尖端为绿松石色，展开时像鬃毛。要看到它们很不容易，因为它们习惯停歇于高大且修长的树木上，如同老鹰或其他猛禽一样安静地停在树上。尽管如此，它们黄色的虹膜相当显眼，甚至从远处就能看到。它们较喜欢栖息于不受干扰且未受水淹的原始森林和热带雨林。

保育金刚鹦鹉

秘鲁的亚马孙河流域汇集了丰富多样的生物，在那里可以发现不同种类的金刚鹦鹉，这也是当地重要的鸟类之一。它们的羽毛大多数为红色（绿翅金刚鹦鹉）、蓝色和黄色（蓝黄金刚鹦鹉），在高处和树叶中相当突出。坦博帕塔国家级自然保护区是为了保护和研究这些鸟类和其他鸟类所建立的保护区，占地面积超过2.7万公顷。在这个区域执行金刚鹦鹉保育计划，目的在于保护这些大型鹦鹉，并针对它们的栖息地遭受破坏、它们筑巢的许多大树被砍伐，以及捕获它们作为宠物贸易或贩卖它们的羽毛等问题进行研究。

◀ 直接接触

每一位专家负责饲养一组饥饿的绿翅金刚鹦鹉和绯红金刚鹦鹉。树与树之间的平台也用于生态旅游，使游客和环境之间能有一个和谐的关系。

▼ 监控雏鸟

分析雏鸟的情况，检测其最虚弱的部分，以人工饲养的方式监控它们，是金刚鹦鹉保育计划执行的项目之一。在这里，研究人员替每只绿翅金刚鹦鹉雏鸟称体重。

◀ 为鸟类服务

金刚鹦鹉生物研究员爱德华·尼坎德在20世纪90年代曾警告人类，这些大型鹦鹉的鸟巢已经短缺且雏鸟死亡率也在增加：一个孵化3枚卵的鸟巢，会有1枚卵孵化失败，之后只有一只雏鸟顺利学会飞行并成长为成鸟。因此在当时有一家公司开始建造人工鸟巢，并通过人工饲养的方式改善雏鸟生长的恶劣环境。如图所示，爱德华·尼坎德正在检查一只蓝黄金刚鹦鹉的雏鸟。

杜鹃与蕉鹃

这两个群体有共同的进化史，但是它们的分布、发展、解剖结构和羽毛皆不相同。杜鹃以其某些物种的寄生行为而闻名，它们会将卵产在其他鸟类的鸟巢中，让其他鸟类喂养它们的雏鸟。蕉鹃的体形较瘦高，只栖息于撒哈拉沙漠以南的非洲地区。

一般特征

鹃形目鸟类包括杜鹃、大杜鹃、栗胸鹃、犀鹃、圭拉鹃、蕉鹃和走鹃。它们有适合行走和攀爬的脚，尾巴很长且呈阶梯状。羽毛的颜色柔和，主要以褐色、棕色、黄色和灰色为主。某些物种为寄生物种，因为它们会将自己的卵产到其他鸟类的鸟巢中，让其他鸟类哺育它们的雏鸟。除了南极洲之外，它们分布于各个大陆，栖息于热带丛林、森林、草原和沙漠。

门：脊索动物门

纲：鸟纲

目：鹃形目

科：1

种：138

身体特征

杜鹃和其亲缘鸟类的体形皆为中等。除了部分物种羽毛颜色较亮丽鲜艳之外，大部分物种的羽毛颜色都不那么鲜艳，呈介于灰色和褐色之间较淡的颜色，或介于黑色和灰色之间较深的颜色。很多物种的某些身体区域有条纹、斑点或全身为白色。通常眼睛周围的颜色和虹膜为全身颜色较明亮的区域。某些物种（金鹃属）的羽毛颜色为绿色和黄色，也有某些物种跟它们所寄生的鸟类的颜色相似。喙通常较长且有力，嘴尖稍微弯曲呈钩状。跟其他攀禽一样，它们的脚趾第二和第三趾朝前，第一和第四趾朝后。大部分物种的雄鸟和雌鸟之间外观无明显差异。

分布与栖息

除了南极洲之外，它们分布于各个大陆。在美洲，南部和北部的末端是它们不栖息的区域。它们也不栖息于非洲的沙漠，以及亚洲北部相当寒冷的区域。这些物种中分布最广泛的为大杜鹃（*Cuculus canorus*），它们栖息于欧洲和亚洲的众多区域，并且在冬季时迁徙至非洲南部越冬。尽管如此，大部分物种都有固定栖息的区域，例如仅栖息于特定岛屿，或与同属的物种栖息于同一区域，比如源自印度尼西亚的物种栗胸鹃仅栖息于马达加斯加群岛。大部分杜鹃及其亲缘鸟类栖息于森林和热带以及亚热带地区的雨林。它们同样也栖息于红树林、湿地、植树造林区、广场和花园。小走鹃（*Geococcyx velox*）栖息于灌木丛以及中美洲和墨西哥的沙漠，它们有多种适合行走的特征。该目鸟类的分布区为海拔低于 2000 米的区域。

寄生

许多物种有特殊的繁殖习惯，它们将卵产在其他鸟类的鸟巢中，让其他鸟类哺育它们的雏鸟。

行为

杜鹃及其亲缘鸟类主要单独行动，只有在繁殖期才有可能成对地走在一起。某些物种包括雄鸟和雌鸟都有可能会有多个不同的伴侣。有些物种也会集结成群，如犀鹃（犀鹃属）和圭拉鹃，它们会发出颇具特色的鸣叫声，让人联想到口哨声或者喉音。每个物种的鸣叫声都有非常突出的特点，它们用这些鸣叫声来吸引配偶或对已占领的领地宣示主权。

食物

它们主要的食物为昆虫，特别是毛毛虫，甚至也吃那些可能会伤害到其他鸟类的毛毛虫。大杜鹃和大斑凤头鹃的食物为具有大量刺激性物质的虫蛹。杜鹃及其亲缘鸟类也吃植物，主要为种子和果实。它们的大部分食物是栖息在树上的节肢动物，如蚱蜢和蜘蛛。某些物种也会吃小型的脊椎动物和其他鸟类或爬行类动物的卵。它们入侵其他鸟类的巢穴，将自己的卵寄生于此的同时可能还会吃其他鸟类的卵和雏鸟。

繁殖

它们的特殊行为已众所周知，特别是其生殖策略，因为很多物种都将自己所产的卵寄生在其他鸟类的巢穴中，也就是说让其他鸟类哺育它们的雏鸟。这种巢寄生方式会导致被寄生鸟类的繁殖成功率下降，下降的原因主要有三个：第一个是寄生的雌鸟在产卵时会将原本产在鸟巢内的1枚或多枚卵去除；第二个原因为寄生鸟巢剩下的原有卵因为被啄过，孵化成功率下降；第三个原因是寄生的雏鸟破壳后会驱逐原本在鸟巢内的其他鸟类的雏鸟或孵化中的卵，独享“亲鸟”的照顾。被寄生的鸟类偶尔会发现鸟巢内有寄生卵，它们会将寄生卵去除或直接放弃鸟巢。根据记录，常见的杜鹃物种中约有100种为寄生鸟，但一般只有约10种最常使用这种巢寄生方式。某些物种在进化过程中其卵的颜色跟寄生巢穴中卵的颜色会越来越相似，但这种寄生情况只可能发生在特定物种的身上。其模仿行为甚至也出现在身体的外观方面。它们会模仿要寄生物种的体形和羽毛，让它们能靠近要寄生的物种且不打扰它们。例如家鸦（*Corvus splendens*）就会模仿它们所寄生的黑卷尾（*Dicrurus macrocercus*）。但是，并非所有的鹃形目鸟类都是寄生物种。某些杜鹃属物种会利用树枝和树叶建造鸟巢，甚至会产淡蓝色或绿色的卵。尽管如此，在食物量有限的时期，它们会将卵产在自己的鸟巢，也可能产在其他鸟类的鸟巢中。这种行为导致了巢寄生方式进化机制的发展。鸦鹃（鸦鹃属）所筑的巢呈球形，筑在靠近地面的区域，雌鸟所产的卵的颜色为白色，由双方共同孵化和哺育雏鸟。犀鹃（犀鹃属）哺育的方式较不一样，它们由多对伴侣一起建造一个大型的鸟巢，所有的雌鸟都将卵产在大型鸟巢中。然而，每只雌鸟会将其他雌鸟产的卵抛出，让卵的数量符合自己所产的数量，但到最后它们会弄不清楚哪些卵是自己的，从而也会停止抛卵的举动。

单独或成群

鹃形目鸟类通常都是单独行动，但某些物种会集结成群、共同筑巢并一起照顾雏鸟。

寄生鸟类

杜鹃和它们的亲缘鸟类是动物界中繁殖策略最惊人的动物，这种繁殖策略被称为巢寄生或寄生育雏。由雌鸟选择产卵的鸟巢，当鸟巢内的雌鸟暂时离开时，杜鹃就前往鸟巢，将部分或全部的原有卵抛弃，产下自己的卵。

消除竞争者

寄生的雏鸟可能会杀死它们的“义兄妹”或把它们挤出巢穴，或者吸引雌鸟的注意让它们能先被喂食。

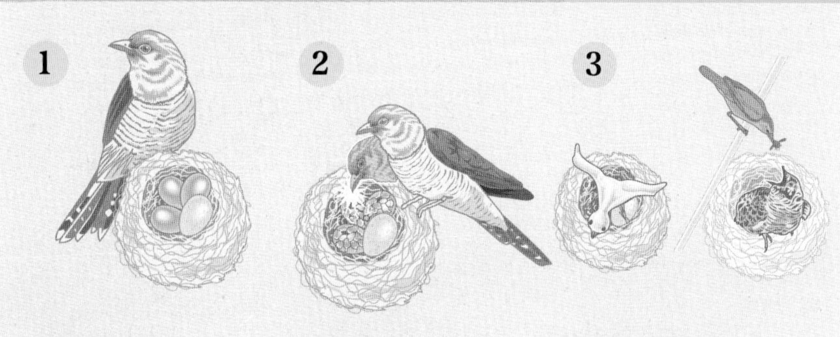

1 杜鹃雌鸟会丢弃1枚或多枚寄生鸟巢内原有的卵。

2 并且用喙啄剩下的卵，降低孵化成功的概率。

3 杜鹃的雏鸟会逐出所有的原有卵或雏鸟，以便独占“养父母”的照顾。

蕉鹃

门：脊索动物门

纲：鸟纲

目：蕉鹃目

科：蕉鹃科

种：23

体形由小型到中型皆有，喙短且略呈钩状，身体强健，腿细，翅膀呈圆弧状，尾巴长，大部分的物种有明显的冠。它们原产于非洲的森林地区。它们显眼的羽毛由两种不同的颜色组成。它们能自主性地将两脚的两趾朝前，其余两趾朝后。

Corythaeola cristata

蓝蕉鹃

体长：70~76 厘米
体重：1.2 千克
社会单位：群居
保护状况：无危
分布范围：非洲中部

蓝蕉鹃为蓝蕉鹃属的唯一物种，也是蕉鹃中体形较大的物种。胸部上面和背部的羽毛为蓝色或蓝绿色；胸部的颜色为黄色或绿色，且有一条棕色的色带延伸至尾巴，有一个明显的冠。个性很害羞，在树林中行动敏捷且活跃，在树枝上跳跃和奔跑。它们有计划性地飞行，经常往下直冲啄取目标。经常栖息于低地的森林边缘、丛林河谷、山区的森林和草原。很难在树叶间发现它们的踪迹，但可通过鸣叫的合唱声找到它们，它们习惯一起合唱，有时会持续几分钟。它们成群生活，最多可达 20 只。它们主要的食物为果实，同样也吃叶子（主要是树叶，也吃葡萄藤和附生植物的叶子）、花和花蕾。在繁殖期它们会离开群体成对行动。雏鸟需要 2~3 年的时间成长为成鸟。鸟巢由双方共同用细树枝建造而成。雌鸟产 1~3 枚卵，之后由雌鸟和雄鸟共同孵化，孵化期为 30 天。哺育期间也由双方共同哺育。雏鸟大约在出生 33 天后离开鸟巢。

颜色
冠毛茂密且颜色较深，形状也较高耸；喙略呈钩状，颜色为黄色，嘴尖为红色。

长尾巴
颜色为黑色，有黄色的色带，尾端为蓝色。在非洲的某些区域它们的羽毛被制作成工艺品。

Tauraco leucotis

白颊蕉鹃

体长：43 厘米
体重：200~300 克
社会单位：群居
保护状况：无危
分布范围：非洲中部和南部

白颊蕉鹃的身体颜色为绿色，尾巴和翅膀为蓝色，翅膀的初级和次级飞羽为深红色。它们所吃下的食物消化快且不完全，每天都需要吃大量的水果。它们的鸣叫声跟猴子的叫声很像，栖息于树木高大的森林、雨林和树木繁茂的山谷。雌鸟产 1~3 枚卵，由双方共同孵化 21~24 天。雏鸟出生之后亲鸟以反刍的水果喂养它们，偶尔也吃节肢动物。

Tauraco persa

绿冠蕉鹃

体长：40~43 厘米
体重：225~290 克
社会单位：群居
保护状况：无危
分布范围：非洲，从安哥拉到塞内加尔

绿冠蕉鹃的羽毛颜色为深绿色。该鸟有两个亚种，可借由它们的眼睛分辨，其中一个亚种的眼睛下方有一条黑色的线，而另一个亚种没有。栖息于靠近河流的雨林附近，同样也可以在种植区和都市看到它们的身影。主要的食物为野生或栽培的水果、花、叶子，以及蜗牛和白蚁。雌鸟产 2~4 枚卵，孵化期为 21~24 天。

杜鹃与大杜鹃

门：脊索动物门
纲：鸟纲
目：鹃形目
科：杜鹃科
种：138

中型鸟类，种类多样，其中两个主要的生物类型是有区别的：栖息于树上的物种体形较瘦长，背部较短；栖息于陆地的物种体形较粗壮，腿部较长且有力。所有的物种都有长尾巴，如同它们的舵一样，有助于它们在植物之间移动或行走。很多物种会将卵寄养在其他鸟类的巢穴中，但大多数会自己喂养后代。

Clamator glandarius

大斑凤头鹃

体长：43 厘米
体重：225~290 克
社会单位：群居
保护状况：无危
分布范围：欧洲南部和近东地区，冬季在非洲越冬

大斑凤头鹃的背部为棕色，下半部为奶黄色，尾巴很长，且尾羽很显眼。它们是一种有领地意识的鸟类，喜欢栖息于树木繁茂的地区和它们所寄生的其他鸟类的鸟巢中。这代表它们不孵化卵也不喂养雏鸟。大斑凤头鹃栖息的区域取决于其寄生鸟巢的鸟类品种所处的区域，它们通常会选择少数特定的物种寄生它们的卵。在欧洲，喜鹊（*Pica pica*）最常被选择作为它们要寄生的鸟类，其次是小嘴乌鸦（*Corvus corone*），而在非洲南部最常被选作要寄生的鸟类则为海角鸦（*Corvus capensis*）。当鸟巢内原有的雏鸟出生时，它们会跟这些雏鸟竞争。因为它们成长得很快，所以必须大量进食。它们食用了“养父母”带回来的大部分食物，因此它们在出生8天后开始长羽毛时，体重就达到了成鸟的重量。

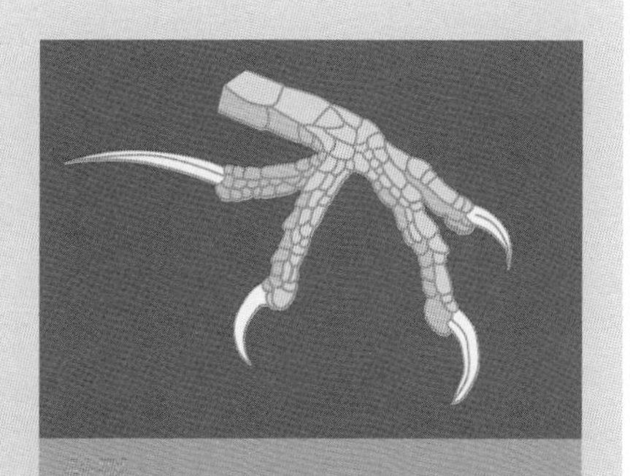

这个物种的成员可以自主性地将两趾朝前，两趾朝后。

白色斑纹
它们的褐色翅膀上有白色斑纹。

Cuculus canorus

大杜鹃

体长：43 厘米
体重：225~290 克
社会单位：独居或小群体
保护状况：无危
分布范围：欧洲、亚洲和非洲南部

大杜鹃是亚非拉地区最具象征性的鸟类之一，它们的声音、外观和习性都很特别。它们不自己筑巢，而是将卵寄生在其他体形比它们小的鸟类的鸟巢中，如欧亚鸲（*Erithacus rubecula*）和鹪鹩（*Troglodytes troglodytes*）。其主要食物为其他鸟类可能会讨厌的小毛虫，此外，也吃虫蛹、双翅目昆虫、蠕虫、蚯蚓，以及其他鸟类的卵和雏鸟。为了让卵的颜色跟其所寄生的鸟巢内的卵的颜色相似，每个大杜鹃族群的卵的颜色都各不相同。

Coua gigas

大马岛鹃

体长：62 厘米
体重：415 克
社会单位：独居或小群体
保护状况：无危
分布范围：马达加斯加

大马岛鹃习惯栖息于陆地，为该区域常见的物种。羽毛颜色为青铜色，眼周裸露的皮肤为蓝色。它们的尾巴很长，颜色为带有金属色泽的黑色。

栖息于原始森林的高大树木和雨林。主要食物为种子、昆虫和小型脊椎动物。跟其他杜鹃不同，11~12 月间它们自己在树上筑巢。雌鸟大约产 3 枚白色的卵。

Coccyzus americanus

黄嘴美洲鹃

体长：26~30 厘米
体重：55~65 克
社会单位：独居
保护状况：无危
分布范围：加拿大至墨西哥。迁徙至中美洲，抵达阿根廷中部和北部地区

黄嘴美洲鹃的背部为褐色，腹部为白色或灰色，翅膀为红褐色，长尾巴有白色斑点。栖息于森林和茂密的灌木林。主要的食物为昆虫，但同样也吃果实、蜥蜴和其他物种的卵。它们将半球状的鸟巢筑于低的树木或灌木上。它们可能将卵寄生在其他物种的鸟巢中，甚至也寄生于同物种的鸟巢中。雌鸟产 3~4 枚卵，由双方共同孵化 14 天。雏鸟出生一周后能在树枝上行走，在出生后的 17~21 天离开鸟巢。

识别
飞羽偏红色。

Clamator levaillantii

莱氏凤头鹃

体长：37.5~40 厘米
体重：150 克
社会单位：独居或小群体
保护状况：无危
分布范围：撒哈拉沙漠以南的非洲地区

莱氏凤头鹃的羽毛颜色有两种，一种颜色较明亮，另一种较深。后者除了翅膀的白斑点和外侧尾羽的白色小斑点之外全为黑色。为一夫一妻制，将卵寄生在其他鸟类特别是夜鹰的鸟巢中。雌鸟产 4 枚白色的卵，如果寻得的鸟巢已被卵占满，它们会攻击原有的卵，将它们移开，之后产下自己的卵。它们的雏鸟比原有鸟巢内的雏鸟成长速度快，在“养父母”的鸟巢中被喂养 36 天之后离巢。其主要食物为种子、在树林地面寻得的果实以及它们飞行中捕捉到的昆虫。

Piaya cayana

灰腹棕鹃

体长：43~46 厘米
体重：98~110 克
社会单位：独居
保护状况：无危
分布范围：从墨西哥北部至巴拿马南部，南美洲至阿根廷北部

灰腹棕鹃像猫科动物一样，在树枝间移动的方式让它们有“猫的灵魂”的称号。它们的动作和颜色也跟猫相似，背部为棕色，胸部为肉桂色，腹部为灰色。它们的尾巴较长，颜色呈渐层状。栖息于森林，在那里以昆虫、蜘蛛、蜥蜴、水果为主要食物，偶尔也吃鸟卵。将鸟巢筑于树上，雌鸟产 4 枚卵，由双方共同孵化，也由双方共同喂养雏鸟。

Carpococcyx renauldi

瑞氏红嘴地鹃

体长：69 厘米
体重：400 克
社会单位：独居
保护状况：无危
分布范围：柬埔寨、老挝、泰国和越南

瑞氏红嘴地鹃的颜色相当引人注目，头部为深色，跟身体的灰色羽毛形成鲜明对比。喙为红色，眼睛为黄色，脸部为蓝色。栖息于热带和亚热带的森林。它们的主要食物为果实，以及在森林地面寻得的节肢动物。

不存在性别二态性，无法分辨出雄鸟或雌鸟。它们的长腿让它们可以敏捷且快速地行走，因此它们较喜爱行走。虽然如此，在遇到威胁时，它们也有能力进行短而有力的飞行。卵的孵化期为 28 天。雏鸟出生 30 天后便可以开始自己觅食，出生 60 天后就可以脱离父母开始独立生活。

腿
腿很长，这表明它们是一种陆地鸟。

Geococcyx californianus
走鹃

体长：52~62 厘米
体重：220~300 克
社会单位：独居
保护状况：无危
分布范围：美国南部和墨西哥北部

走鹃的体形瘦长，羽毛上有条纹，黑色的冠朝上直立着，尾巴较长。栖息于沿海干旱地区、山麓、山谷和沙漠地区，所栖息地区的海拔高度低于900米。它们不是迁徙鸟类，在沙漠寒冷的夜晚，它们的体温会下降，并进入一种嗜睡的状态，这是一种防护机制，使它们能承受恶劣的环境条件，并节省体力。它们为陆地鸟，会从灌木或乔木上进行短距离的飞行，飞往地面。此外，它们也能快速行走。饮食方面它们是“机会主义者”，主要的食物包括蝗虫、蝎子、蜥蜴、小蛇和响尾蛇（响尾蛇属），偶尔也吃卵、雏鸟、种子、果实、蝙蝠和腐肉。几乎很少看到它们喝水，因为它们不知道需要直接取得该资源。它们为一夫一妻制，在求偶时期雄鸟会提供树枝和食物。雌鸟将鸟巢筑于乔木或灌木（包括仙人掌）上，鸟巢所筑的高度多变，通常介于1~3米。它们的身体结实，翼展约为30厘米，通常藏身藏得很好。雌鸟产2~8枚卵，孵化期为20天，白天由双方共同孵化，晚上只由雄鸟负责孵化。偶尔它们也将卵寄生在其他鸟类的鸟巢中，特别是渡鸦（*Corvus corax*）的巢穴中。雏鸟由雄鸟和雌鸟共同哺育。雏鸟在出生18天之后离开鸟巢，不久之后就有自己觅食的能力。

长尾巴
像舵一样的长尾巴，有助于它们奔跑，以及在飞行速度为35千米/时的情况下转弯。

门：脊索动物门
纲：鸟纲
目：麝雉目
科：麝雉科
种：1

麝雉

麝雉目是鸟类当中独一无二的，因为只由麝雉（*Opisthocomus hoazin*）这一个物种组成。据估计，它们大约在55万年前起源于南美洲。

Opisthocomus hoazin
麝雉

体长：65 厘米
体重：900 克
社会单位：群居
保护状况：无危
分布范围：南美洲北部

麝雉的体形跟母鸡差不多，长尾巴，翅膀宽且短。头部较小，喙短且粗。脸部有裸露的皮肤。其橙色冠引人注目。眼睛大且呈红色。它们为陆地鸟，很少飞行。它们相当有自信且吵闹，经常发出鸣叫声。其主要食物为叶子、少数的花和果实。它们通过细菌发酵的过程消化食物，跟反刍动物的情况类似，这个消化过程在它们食管的嗉囊中进行。所有的鸟类都有嗉囊，但麝雉的嗉囊尺寸较大。它们所食入的芳香植物通过上文所述的发酵过程，产生一种相当难闻的气味，基于这个原因，它们很少被捕抓。栖息于湿地和海岸地区。繁殖期为雨季，它们会汇集成小群体一起繁殖，并使用树枝将鸟巢筑于水上。栖息的区域为潮湿的环境和海岸地区。雌鸟产2~3枚卵，雏鸟以亲鸟储存于嗉囊的反刍食物为食。雏鸟在刚出生时翅膀上有两只爪子，让它们可以在树枝间滚动，以尽可能地躲避天敌。

夜行鸟

夜行鸟集中在黄昏和黎明之间活动。它们的羽毛柔软，使它们可以很安静地飞翔。视觉和听觉等感官发达，能适应在黑暗中生活。猫头鹰和雕鸮、夜鹰、北美夜鹰以及其他亲缘鸟类皆能适应这种给它们带来许多好处的夜间生活方式。

一般特征

夜行鸟拥有适应夜间生活的特性，但也有在白天活动的物种。它们的头部和眼睛都很大，羽毛的颜色和图案非常柔和，使它们能够和周围的环境融为一体。体形较小的物种主要以昆虫为食，而大型物种吃各种捕获的猎物，特别是小型脊椎动物。夜鹰目的鸟类张开它们的大喙捕捉猎物，鸮形目鸟类则用它们强大的爪子捕捉猎物。主要栖息于热带雨林和森林。

门：脊索动物门

纲：鸟纲

目：2

科：7

种：298

描述

鸮形目鸟类由猫头鹰、雕鸮、小鸮、角鸮、灰林鸮和其他鸟类所组成。夜鹰目鸟类由夜鹰、林鸱、油鸱和茶色蟆口鸱所组成。鸮形目鸟类有结实的腿和利爪，它们的脚有羽毛，脚趾两趾朝前，两趾朝后，以便它们能更容易捕捉和抓住猎物。夜鹰目鸟类的脚比较弱小。鸮形目鸟类能运用它们敏锐的听力在夜间定位和捕捉猎物，它们的听觉能力可以让它们分辨每个声音的到达时间。通过这样的方式，它们可以比较每个声音抵达的时间，并计算其水平和垂直平面的距离。尽管它们有时候会被人类跟老鹰归为一类，但鸮形目鸟类的进化过程跟老鹰完全不同，而它们跟夜鹰目鸟类有密切的关系。鸮形目鸟类跟昼猛禽有相似的特征，例如它们有强而有力的爪子以及尖锐且呈钩状的喙。夜鹰目鸟类刚好相反，它们的腿相当虚弱无力，喙很大，稍微弯曲。鸮形目鸟类的特色在于它们的体形大小相当多样，包括体形很小的姬鸮（*Micrathene whitneyi*），至体长为 75 厘米的毛腿渔鸮（*Bubo blakistoni*）。夜鹰目鸟类是体形相对较小的鸟类，其中体形最大的为大林鸱（*Nyctibius grandis*），体长约为 50 厘米，但它们的尾巴比任何猫头鹰的尾巴都长。鸮形目鸟类和夜鹰目鸟类的头部都很大，颈部很短。

鸮形目鸟类的眼睛较发达，不像夜鹰目鸟类（裸鼻鸱科除外）和其他大部分鸟类那样都只能看向前方。鸮形目鸟类眼睛的视角是固定的，头部可以旋转约 270 度观看四周，但大家普遍认为它们能一次旋转 360 度。鸮形目鸟类和夜鹰目鸟类的视觉都相当好，特别是在阴暗的环境下，因此它们大部分都在夜晚捕捉猎物。它们的羽毛都很柔软，可以在飞行时不发出声响。羽毛的颜色为灰色或褐色，有斑点或条纹，使它们能够伪装。某些品种的猫头鹰身体部分区域的羽毛颜色为白色，而雪鸮（*Bubo scandiacus*）则是全身羽毛均为白色，能适应北极的环境。大部分物种雄鸟和雌鸟的外观无明显差异。大约有一半的雕鸮物种的头部两侧有被认为是“耳朵”

夜晚的娇客

眼睛和瞳孔很大，羽毛松散柔软，以及无声的飞行，都是这些夜行性鸟类的主要特征。

眼睛

夜鹰目鸟类和鸮形目鸟类都有大眼睛，且视觉能力很好。鸮形目鸟类的眼睛位于正面，使它们能通过双眼计算距离。它们头部周围的羽毛排列成盘状，使它们能够将灵敏的声波传达至耳朵。夜鹰目鸟类眼睛的视网膜后面有一层由虹彩色素组成的视杆细胞，使它们的眼睛在夜晚时能发光。

鸮形目鸟类

它们的眼睛位于正面，视角固定，但是它们的头部可以旋转270度。

夜鹰目鸟类

跟大部分鸟类一样，它们的眼睛位于头部两侧，由被称为绒毡层的感觉细胞组成。

的白羽毛，但无听觉功能，仅用于伪装。这种白羽毛是树栖鸟类的典型特征。夜鹰目鸟类跟鸮形目鸟类不同的地方在于它们的翅膀和尾巴较长。

分布与栖息

鸮形目鸟类分布于除了南极洲之外的所有大陆。大部分的物种栖息于热带地区。仓鸮（*Tyto alba*）和短耳鸮（*Asio flammeus*）为世界性物种，但短耳鸮不存在于澳大利亚，而某些物种仅在某些大陆或岛屿生存，例如角鸮属的物种。夜鹰目鸟类分布的范围较窄，除了不栖息在南极洲之外，也不栖息于北极和大部分的海洋岛屿。鸮形目鸟类和夜鹰目鸟类皆栖息于热带雨林和针叶林，甚至也栖息于半沙漠地区，不栖息于地势太高的区域和干旱的沙漠区。虽然它们不擅于捕捉水中生物，但横斑渔鸮（*Scotopelia peli*）是捕捉鱼类和两栖动物的专家，它们栖息于非洲地区的河流和湖泊。某些物种已经适应都市的生活环境，像种植区或造林区。

行为

夜鹰目鸟类活跃于黄昏至夜间。猫头鹰以它们的夜行性习性而闻名，但也有某些物种活跃于白天。夜行性鸟类在白天潜伏起来。鸮形目和夜鹰目的大部分物种都能发出有力且声调多变的鸣叫声，它们将这些声音用于吸引或恐吓同类。这些情况主要发生于繁殖期，主要是当它们在界定领地或想吸引伴侣的时候。约有20种猫头鹰物种为迁徙鸟类，其他的物种则为了适应它们猎物的生命周期，采取游牧的生活方式，当食物数量减少时便迁徙至新的区域。

繁殖

大部分的猫头鹰和雕鸮在繁殖期间具有领地性。然而，某些物种如穴鸮（*Athene cunicularia*），挖掘的巢穴通常非常接近。夜鹰目鸟类和鸮形目鸟类皆为一夫一妻制，在大部分情况下由双方共同照顾雏鸟。体形较小的猫头鹰物种居住于树洞，而其他体形较大的物种会自己挖洞穴或使用其他哺乳类动物建造于悬崖的洞穴、其他鸟类建造的鸟巢，或人类的建筑物，如棚或尖塔。除了油鸱（*Steatornis caripensis*）用它们所吃果实的反刍物筑巢外，夜鹰目鸟类通常将巢筑于地面。这两个目的鸟类所产的卵皆为白色圆形卵。

食物

夜鹰目鸟类的食物主要为虫类，某些物种也吃小型脊椎动物，但不包括油鸱，油鸱的主要食物为果实。鸮形目鸟类为食肉动物，它们吃各种捕捉到的活猎物，但偶尔某些物种可能也吃腐肉。大部分物种较喜欢吃无脊椎动物和小型啮齿目动物。少数物种吃鱼类和两栖动物。

感觉毛

夜鹰目鸟类已经进化，长且硬的羽毛环绕在喙的周围。这些感觉毛的功能使它们便于在飞行中感觉和捕捉昆虫。

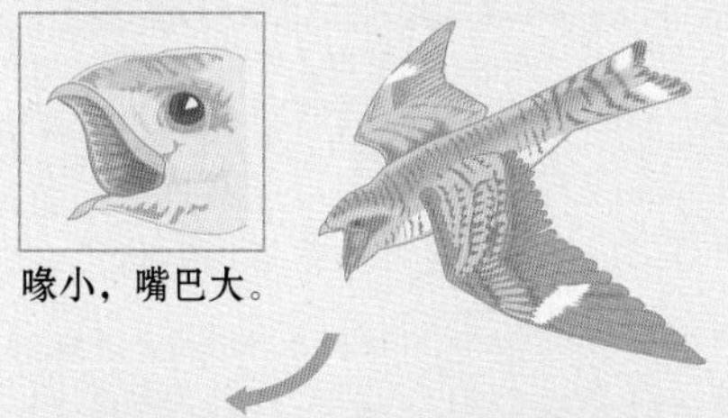

夜鹰目鸟类

它们的喙大而扁平，可在飞行时张开以捕捉昆虫。反之，当它们闭起嘴巴时，喙看起来则较小。

鸮形目鸟类

它们捕获猎物的方式跟猛禽相似。使用有力且锋利的爪子，以及弯曲且呈钩状的喙捕捉猎物。

猫头鹰和雕鸮

门：脊索动物门
纲：鸟纲
目：鸮形目
科：2
种：180

鸮形目包括夜行性的猎禽、猫头鹰、雕鸮等草鸮科和鸱鸮科的鸟类。它们的特点为头部较大，喙短，爪子有力，视觉和听觉能力相当发达。眼睛位于正前方，双目视野宽广，这使得它们可以更精确地捕捉猎物。

Tyto alba

仓鸮

体长：45 厘米
翼展：107~110 厘米
体重：400 克
社会单位：独居
保护状况：无危
分布范围：全世界

仓鸮的腹部为白色（某些亚种的腹部可能为棕黄色），甚至连翅膀也为白色；背部为褐色，有一些斑点。它们被认为是全世界最成功的鸟类之一，在各个大陆都可以看到它们的身影。它们找到了占据许多海洋岛屿和许多区域的方法，是一种常见的物种。也被称为谷仓猫头鹰或猴面鹰，通常在人类的建筑物上筑巢，特别是已经被遗弃的建筑物和废墟上。其主要食物为啮齿目动物、昆虫、两栖动物和爬行动物，有时也吃鸟类和蝙蝠。它们的视野范围为 110 度，大部分为双目视野。这为它们捕捉猎物提供了更强的精确性。头部的羽毛能让它们接收声音。它们在将猎物吞下之前，会先使用喙弄碎所捕获猎物的头骨，之后将不能消化的物质（头发、骨头、牙齿）反刍出来，科学家可以通过这些物质分析它们的饮食。它们会在夜晚发出“咝咝”的声音或者是嘈杂的尖叫声。在繁殖期可能将卵产在树上或其他鸟类的鸟巢中。雌鸟产 2~9 枚卵，产第 1 枚卵和最后 1 枚卵的时间相隔好几天，导致雏鸟体形的大小相差很多。

雏鸟
孵化期为32~40 天，雏鸟在鸟巢中居住60~80 天。

Tyto novaehollandiae

大草鸮

体长：40~45 厘米
翼展：129 厘米
体重：400~600 克
社会单位：独居
保护状况：无危
分布范围：澳大利亚、印度尼西亚、新几内亚岛南部

大草鸮的羽毛颜色多变，可能是苍白的、明亮的或是深色的，但都有相同的排列方式：面盘颜色由棕色至白色，周围环绕深色。上半部区域由黑色或棕色至灰色或白色，且有斑点。

它们分布于非沙漠地区，首选的栖息地是桉树林。使用树洞筑巢。产 1~4 枚卵。雌鸟负责孵化和照顾雏鸟，雄鸟负责寻找食物。孵化期为 33~35 天，也可能更久。

占领的区域范围为500~1000 公顷，这取决于它们所吃的小型至中型的哺乳类动物所分布的范围。很难解释为什么这个物种在自然界中的分布这么少，但是它们所吃的食物却具有灵活性，且能适应不同的栖息地。

Ptilopsis granti

南白脸角鸮

体长：22~28 厘米
翼展：68 厘米
体重：185~220 克
社会单位：独居
保护状况：无危
分布范围：撒哈拉沙漠以南的非洲地区

南白脸角鸮的头部为灰色，眼睛为黄色或橙色。体形中等，栖息于林地和干旱的山区。雄鸟和雌鸟的外观相似。主要的食物为无脊椎动物、小型哺乳动物、鸟类和爬行动物。

为一夫一妻制。产 2~4 枚卵，将卵产在其他鸟类遗弃的鸟巢或树洞中。孵化期约为 30 天。雏鸟出生后 1 个月可自主生活。

Bubo scandiaca

雪鸮

体长：51~69 厘米
翼展：137~164 厘米
体重：1.1~2 千克
社会单位：独居
保护状况：无危
分布范围：极地

隐藏的喙
羽毛浓密，几乎看不见喙。

羽毛
羽毛的颜色使它们容易藏身在雪地里。

雪鸮的体形大，为苔原地区最厉害的带翼的猎鸟之一。跟大部分猫头鹰不同，它们主要在白天活动。雄鸟和雌鸟可依据其羽毛分辨：雄鸟可能为全白色，尾巴有三条深色的线条，雌鸟和雏鸟的羽毛大部分区域为黑色。腿部完全长满羽毛，虹膜为黄色，喙很大，呈黑色。

主要食物为旅鼠（旅鼠属），如果食物稀少，它们也捕捉北极兔、雪松鸡、旱獭、水鸟作为食物，甚至也吃鱼和腐肉。它们将巢筑于地势较高的地面。雌鸟产 5~8 枚卵，孵化期为 32~34 天。栖息的领地面积和密度跟它们猎物的波动有很大的关系。

Otus senegalensis

非洲角鸮

体长：17~20 厘米
翼展：40~45 厘米
体重：45~120 克
社会单位：独居
保护状况：无危
分布范围：非洲中部和南部、阿拉伯半岛

非洲角鸮是一种小型的猫头鹰，羽毛的形状跟耳朵的形状相似，颜色分为两个色层，分别为灰色和红色。雄鸟和雌鸟的外观和羽毛颜色皆相似。栖息于林木繁茂的热带草原，有时也栖息于花园。是夜行性鸟类，斑驳的羽毛让它们可以在白天待在植被中而不被发现。它们从高处降落或直接从地面猎捕脊椎动物、鸟类、小型哺乳动物和爬行动物作为食物。很少飞行，飞行距离很短。它们将巢筑于树洞中，偶尔也筑于建筑物内。雌鸟产 4~6 枚卵，孵化期为 25~27 天。雄鸟潜伏猎食，在孵化过程中提供食物给雌鸟。雏鸟孵化完成之后由双方共同喂养，在夜晚时它们的喂养次数可达 66 次。雏鸟在 1 个月后离开鸟巢，此时它们的体形大小大约已达成鸟的 75%。

白天潜伏
羽毛的颜色与树皮相似，以防它们白天休息时被天敌发现。

Bubo bubo

雕鸮

体长：60~75 厘米
翼展：160~180 厘米
体重：1.5~4.2 千克
社会单位：独居
保护状况：无危
分布范围：阿拉伯半岛、西伯利亚

雕鸮是世界上体形较大的猫头鹰之一。身体结实，羽毛颜色为深褐色，带有黑色的斑点，广泛分布于各种区域。它们有能力捕杀大型的野兔和幼鹿，以及像苍鹭大小的鸟类，甚至也捕食鹞或普通鵟（*Buteo buteo*）。此外，它们也吃两栖动物、爬行动物、鱼类和昆虫。

Scotopelia peli

横斑渔鸮

体长：55~63 厘米
翼展：150 厘米
体重：2~2.3 千克
社会单位：独居
保护状况：无危
分布范围：撒哈拉沙漠以南的非洲地区

横斑渔鸮是一种在夜间于河流和湖泊的水面捕鱼的大型雕鸮。棕红色，头部为圆形，黑色的大眼睛，背部有条纹。雄鸟和雌鸟的外观相似，但雌鸟可能羽毛的颜色较淡且体形较大。跗关节和脚趾没有羽毛，可避免捕鱼时弄湿。虽然它们习惯栖息于雨林和森林，但也可以在半沙漠地区和沿岸树林区发现它们的身影。主要的食物为体重介于 100~200 克的鱼类，但有时候它们也会捕捉体重达 2 千克的鱼类，也捉螃蟹，甚至还捉小鳄鱼。它们将鸟巢建于离地面 3~12 米的树洞内。雌鸟产 2 枚卵，但通常只喂养 1 只雏鸟。孵化期为 32~33 天，雏鸟出生 68~70 天之后离开鸟巢。

Glaucidium gnoma

山鸺鹠

体长：16.5~18.5 厘米
翼展：38 厘米
体重：62~73 克
社会单位：独居
保护状况：无危
分布范围：加拿大西南部、美国西部、墨西哥西北部

山鸺鹠栖息于树木繁茂的区域，黄昏至黎明期间较活跃。羽毛颜色有三种变化或呈渐层状。主要食物为小型哺乳动物、鸟类、爬行动物和两栖动物。可以捕抓比它身形大 3 倍的猎物。它们筑巢的地点取决于其看中的啄木鸟所啄的洞孔所处的位置。

Glaucidium nanum

南鸺鹠

体长：20~21 厘米
翼展：37 厘米
体重：59~95 克
社会单位：独居
保护状况：无危
分布范围：阿根廷、智利

南鸺鹠活跃于白天，但很难看到它们的身影。栖息的区域相当广泛，甚至也栖息于公园和花园。它们具有攻击性。主要的食物为鸟类、昆虫、哺乳动物和爬行动物，它们能捕获体形相当大的猎物。某些栖息于南方的群体会往北方迁徙。在 9~11 月间雌鸟会产 3~5 枚卵，产于树洞、树枝的分叉区域、地面的洞孔或人类建筑物的洞孔。它们也经常抢夺啄木鸟的鸟巢。孵化期为 15~17 天。

Ninox strenua

猛鹰鸮

体长：45~65 厘米
翼展：112~135 厘米
体重：1.3~1.7 千克
社会单位：独居或小群体
保护状况：无危
分布范围：阿根廷东南部

猛鹰鸮为一种强大的猫头鹰，其外观让人想起苍鹰（鹰属）。它们总是成对行动，为夜行鸟。飞行速度相当慢，且非常积极地捍卫自己的领地。雄鸟的体形比雌鸟大，头部较宽，背部为灰色，有白色条纹，腹部为白色。树栖的哺乳类动物以及熟睡中的大型鸟类是它们主要的狩猎对象。繁殖期在冬季。产 2 枚卵，由雌鸟负责孵化，也由雌鸟喂养。

Glaucidium perlatum

珠斑鸺鹠

体长：17~20 厘米
翼展：40 厘米
体重：36~147 克
社会单位：独居
保护状况：无危
分布范围：撒哈拉沙漠以南的非洲地区

珠斑鸺鹠是撒哈拉沙漠以南地区最常见的鸱鸮科鸟类之一，也是非洲最常见的在白天活动的猫头鹰。它们可以 24 小时狩猎。主要食物包括蜥蜴、老鼠、昆虫和蝙蝠。跟它们的亲缘鸟类一样，在寻找猎物时会移动头部，跟尾巴移动的方向相同，从一边移至另一边。为具领地性的鸟类。它们会破坏其他鸟类在树洞筑的巢，之后建造自己的巢。雏鸟在出生 30 天之后离开鸟巢，但不会离太远，并由亲鸟继续喂养几周。

Strix nebulosa
乌林鸮

体长：61~84 厘米
翼展：140~152 厘米
体重：790~1750 克
社会单位：独居
保护状况：无危
分布范围：北美洲、欧洲和亚洲

乌林鸮也被称为大灰雕鸮。栖息于北美洲、欧洲、亚洲的针叶林，范围从苔原边境向南延伸。它们的寿命很长，最长可达 40 年。飞行的时间很短，飞行时接近地面，扑翅是非常温和且安静的。在清晨和傍晚时分特别活跃。尽管它们的体形很大，但主要的猎物为小型啮齿目动物，占它们饮食的 80%~90%。有时候还会捕捉一些鸟类作为食物。它们在捕捉猎物时会先在高处监视猎物，之后向下俯冲捕捉猎物。它们吐出的食丸直径可达 10 厘米。在繁殖时期寻找乌鸦的鸟巢或其他日行性鸟类的巢穴产卵，通常为 3 枚。雄鸟的体形比雌鸟小，它们以提供食物的方式追求雌鸟。跟大多数亲缘鸟类不同，它们会使用鹿毛、松针、苔藓和树皮翻新将要使用的鸟巢。它们选择的鸟巢通常靠近森林中的空地，并且它们会勇敢地捍卫自己鸟巢所处位置的领地。孵化期为 28 天，由雌鸟负责孵化，雄鸟负责提供食物。雏鸟在出生 1 个月之后有攀爬的能力，渐渐离开鸟巢，8 周后完全离开鸟巢，之后仍依靠亲鸟喂养数月。

面盘
面盘为其亲缘鸟类之中最大的。

身体特色
羽毛多且茂密，虽然是夜行性猫头鹰中体形最大的，但其重量不是最重的。

Pulsatrix perspicillata
眼镜鸮

体长：43~46 厘米
体重：453~906 克
社会单位：独居
保护状况：无危
分布范围：墨西哥至阿根廷北部

眼镜鸮是一种大型猫头鹰，主要栖息于热带雨林。羽毛颜色为深棕色，腹部为黄色，颈部有白色斑点，胸部有深色的色带。为夜行性鸟类，白天躲藏于树叶之间，在黄昏时开始活跃。主要食物为昆虫、蜥蜴和鸟类，甚至也吃中型哺乳动物。研究人员发现，它们在某些特定的区域也捕捉螃蟹作为食物。

将鸟巢筑于树洞，之后雌鸟产 2 枚卵，孵化期为 35 天，通常只有 1 只雏鸟存活。雏鸟在出生 6 周之后离开鸟巢，并与亲鸟共同生活一年。

显著特征
环绕在眼睛周围的白色羽毛相当引人注目，因此，它们也被称为眼镜猫头鹰。

夜间视力
眼睛很大，位于正面，有圆形瞳孔，且视网膜上有大量的感光细胞，使它们可以在夜间于丛林中狩猎。

Strix aluco
灰林鸮

体长：41~46 厘米
翼展：97~105 厘米
体重：410~800 克
社会单位：独居
保护状况：无危
分布范围：欧洲、非洲西北部、中东、东南亚

灰林鸮的头部为圆形，羽毛有两种基本颜色，分别为褐色和灰褐色。它们为夜行性鸟类，但偶尔也活跃于白天。它们飞行敏捷，但较常看见它们降落在开放的空间休息。为“机会主义者”，主要的食物为昆虫、鸟类、青蛙、鱼类和贝类。雄鸟和雌鸟一整年都留在自己的领地。雌鸟最多产 6 枚卵，孵化期为 28~30 天。它们会凶猛地捍卫自己的鸟巢，甚至会攻击人类。它们的声音相当嘈杂，经常会发出声调不同的鸣叫声相互沟通。

夜鹰及其他

门：脊索动物门
纲：鸟纲
目：夜鹰目
科：5
种：118

夜鹰目鸟类包括夜鹰（夜鹰科）、林鸱（林鸱科）、油鸱（油鸱科）和蟆口鸱（蟆口鸱科）以及裸鼻鸱（裸鼻鸱科）。它们的头部和眼睛很大，夜间视力很好，喙很宽，羽毛柔软，色彩神秘。除了极地和新西兰的岛屿之外，它们分布于世界各地。

Steatornis caripensis

油鸱

体长：40~49 厘米
翼展：107 厘米
体重：350~485 克
社会单位：群居
保护状况：无危
分布范围：安第斯山脉，特立尼达岛至玻利维亚

油鸱的羽毛色调为红棕色和棕褐色，有形状和大小不同的白斑点。是夜鹰目鸟类唯一在夜间吃果实的鸟类，也是在夜间极黑的环境中能通过回声定位导航的唯一夜鹰目鸟类。栖息于洞穴中，并在那里群居。为了能在黑暗的环境中飞行，飞行时会发出4000~10000 赫兹的鸣叫声定位。繁殖期雌鸟会产 2~4 枚卵，产在墙壁上的孔洞内。孵化期为 33 天。雏鸟每天的进食量为其体重的 1/4。主要食物为棕榈果，如桃棕（***Bactris gasipaes***）以及其他至少 23 种棕榈科果实。

Podargus strigoides

茶色蟆口鸱

体长：35~53 厘米
翼展：65~98 厘米
体重：200~650 克
社会单位：群居
保护状况：无危
分布范围：澳大利亚大陆和塔斯马尼亚

茶色蟆口鸱的羽毛颜色通常为银灰色，有黑色和红色的斑点和条纹。它们在白天相当神秘，会停顿且静止不动，很像一棵树的干枯的树枝。如果它们觉得受到威胁，会使用站立姿势，将羽毛展平，保持静止，使其伪装更逼真。雄鸟和雌鸟的外观相似，但雄鸟的体形较大。飞行时相当安静。它们交替栖息于树林区，较喜欢森林、公园以及城市的花园。主要的食物为昆虫，但有时可能也会吃啮齿动物和两栖动物。它们会通过飞行捕捉某些猎物，如飞蛾。

茶色蟆口鸱为一夫一妻制，雌鸟产 1~4 枚卵，产在筑于树枝上的鸟巢中。孵化期为 28~32 天，双方共同轮流孵化。雏鸟在出生 25~32 天后离开鸟巢。

Batrachostomus auritus

大蟆口鸱

体长：41 厘米
翼展：40 厘米
体重：200 克
社会单位：群居
保护状况：近危
分布范围：东南亚（文莱、印度尼西亚、马来西亚和泰国）

大蟆口鸱的羽毛为棕褐色，柔软且有斑点，在颈部上半部区域有白色像衣领般的色带，覆羽有白色小斑点。它们是一种较少见的物种。2010 年，研究人员对它们的一个鸟巢进行了研究，以了解它们繁殖方面的某些特点。雌鸟跟雄鸟共同孵化和照顾雏鸟。只孵化 1 枚卵，孵化期为 32 天，鸟巢使用植物建造而成，特别是干树叶，并用羽毛铺底。它们使用节肢动物喂食雏鸟。

这个物种的多寡似乎取决于其原生林，原生林目前正逐渐消失中，它们的生存正陷入困境。

Podager nacunda

纳昆达夜鹰

体长：28 厘米
翼展：50 厘米
体重：156 克
社会单位：独居或群居
保护状况：无危
分布范围：南美洲北部至阿根廷和乌拉圭中部

纳昆达夜鹰的名称以瓜拉尼语“*nacundá*”命名，意指“大嘴巴”。翅膀较长但不宽，雄鸟的翅膀有白色斑点，雌鸟的腹部有条纹。是一种体格强健的鸟类，可在黄昏时看到它们成群飞行。群组成员之间通过发出的短暂的鸣叫声沟通。栖息于热带草原、湿地和住宅区，将鸟巢筑于地面和开放性的广阔草地。主要食物为飞蛾和大型昆虫。通常在灯或灯柱下寻找它们的猎物。

Nyctibius griseus

普通林鸱

体长：33~41 厘米
翼展：85~95 厘米
体重：160~190 克
社会单位：独居
保护状况：无危
分布范围：中美洲、南美洲至阿根廷和乌拉圭北部

普通林鸱的羽毛颜色为咖啡灰，肉冠上有黑色细条纹，体格强壮，为夜行食虫性鸟类，栖息于开阔的森林和热带草原，也栖息于森林边缘和城镇附近。它们会停在树冠或树下休息。捕捉猎物时张开嘴巴飞行。它们的黄色眼睛在夜晚会变成橙色。

它们的常用名就是依据它们的叫声而得来的，鸣叫声非常强烈且凄婉。雄鸟和雌鸟的外观相似。它们不筑巢，将唯一 1 枚有淡紫色斑点的卵产于树桩或树枝凹陷处，由双方共同孵化，孵化期为 33 天，之后通过反刍食物喂养刚出生的雏鸟。

Caprimulgus europaeus

欧夜鹰

体长：24~28 厘米
翼展：52~59 厘米
体重：65~100 克
社会单位：独居或群居
保护状况：无危
分布范围：欧洲、亚洲和非洲

欧夜鹰栖息于森林、灌木丛和温带草原。雄鸟和雌鸟的不同之处在于雄鸟的翅膀有白色的色带，且尾巴两侧有白色斑点。跟其他夜鹰科鸟类一样，它们的嘴巴很大，喙两侧有感觉毛，在飞行时有助于捕捉昆虫。通常成群行动，在繁殖期间雄鸟和雌鸟具有领地性。雌鸟产 2~3 枚卵，由双方共同孵化。雏鸟出生两周后离开鸟巢。这是世界上数量最多的夜鹰科鸟类。

Chordeiles minor

小美洲夜鹰

体长：22~24 厘米
翼展：53~57 厘米
体重：65~98 克
社会单位：独居或群居
保护状况：无危
分布范围：加拿大北部至洪都拉斯，迁徙至南美洲

小美洲夜鹰活跃于黄昏和黎明，可通过其旺盛的、飘忽不定的飞行辨识该鸟类。翅膀又长又尖，且有白色的色带，让人更容易辨认（从某些角度看很像鹰）。眼睛很大，喙周围有感觉毛，使它们在飞行时易于捕捉昆虫。所吃的昆虫种类很广泛，从蚊子至蟋蟀皆有。

栖息于平原地区，也适应城镇的生活，甚至有时候会将卵直接产在房顶。它们不自己建造鸟巢，雌鸟在地面上产 2 枚卵，之后负责孵化，孵化期为 19~20 天，雏鸟出生之后由雄鸟用反刍的食物喂养。雏鸟在出生 18 天之后开始飞行，并开始自己觅食，在 1 个月后离开鸟巢。它们在北半球繁殖，之后大量迁徙到南美洲。它们成群移动，有时候数量可达数十万只。

Hydropsalis torquata

剪尾水夜鹰

体长：25~30 厘米
翼展：50 厘米
体重：48~75 克
社会单位：独居
保护状况：无危
分布范围：秘鲁、巴西、玻利维亚、巴拉圭、阿根廷和乌拉圭

剪尾水夜鹰经常出没于森林、塞拉多保护区的林地以及南美洲特有的植被茂密的大草原上。此外，也交替栖息于桉树草原、小的森林或城市的公园。雄鸟的特点在于其分叉的尾巴长达 30 厘米，用于交配。当雄鸟在吸引雌鸟时会开合翅膀，并发出特殊的鸣叫声，同时在空中跳跃并摇动尾巴。某些物种会做短距离的迁徙。

隐身狩猎

乌林鸮的大面盘有一个相当重要的作用：将声音传至耳朵，加强其听觉能力。因此即使下着大雪，它们也能探测到雪下的猎物。它们能集中注意力地无声飞行，而这可以提高捕食成功的概率。

在暴风雪中

成鸟能在严寒中生存。雌鸟可以静止不动在低于-4摄氏度的温度下孵化卵。雄鸟和雌鸟都可以在严峻的环境下寻找猎物。

乌林鸮是世界上体形最大的猫头鹰之一。它们的体形结实，外观具恐吓性。但是它们的特点是具有欺骗性的：在厚实的羽毛下，其身体其实不大，重量几乎不超过 1.5 千克。它们的凶猛并没有应用在狩猎技巧方面。乌林鸮（***Strix nebulosa***）的耳朵使它们能够检测潜在猎物在大雪中产生的极低的声音，这个能力使它们比其他鸟类更容易在大雪中靠近并获得猎物。

乌林鸮分布于美国（特别是在阿拉斯加）和加拿大，主要栖息于云杉和松树茂密的森林。在极端的温度和强大的暴风雪中生活，严峻的气候并不是它们的障碍。它们的大面盘对它们相当重要，这是毋庸置疑的，也对其成功生存下来起着至关重要的作用。它们的面盘如同卫星天线，将声音导向耳朵，使它们有不可思议的听觉能力。因此，它们可以监测猎物的移动，例如占它们食物 90% 的田鼠和囊鼠（囊鼠科）。它们需要丰富的食物，在冬季，每只乌林鸮可吃重达其体重 1/3 的啮齿目动物，特别是雌鸟，它们需要足够的食物储存脂肪，以便运用于繁殖季节。虽然它们不是迁徙鸟类，但在食物短缺之前会更换栖息地以寻找食物资源较丰富的区域栖息。根据之前的研究，栖息于北方的族群能飞行数百千米来寻找条件较好的生活环境，而栖息于南方的族群食物更加多样化，因此它们往往固定栖息于同一区域。

视野良好的鸟巢

在数米高的树桩上建造完美的鸟巢，从那里可以观察周围潜在的猎物。因为乌林鸮的翅膀很大，所以起飞时需要较大的空间展翅。

乌林鸮的狩猎策略很简单且有效。首先，最关键的在于检测声音的大小，直到它们听到声音，即使那声音是很轻微的。然后，它们使用其锋利且尖锐的爪子全力挖开雪地表面或抓住雪地下方的猎物。当它们抓到猎物之后会将猎物从雪中取出，并飞到安全的地方把猎物吃掉，或者飞回栖息处将猎物分享给伴侣和雏鸟。它们利于狩猎的身体特征还包括其柔软的羽毛，可无声飞行，头部可以旋转 270 度，这有助于其检测周围的情况。

它们在繁殖期会变得很温和，跟凶猛的外观差异极大。它们在冬季来临时繁殖，每对伴侣都会选择乌鸦或老鹰遗弃的鸟巢作为自己的巢穴。雌鸟产 1~9 枚卵，卵的数量取决于其周围食物资源的可用量：如果啮齿目动物数量丰富，这对伴侣所产卵的数量就较多；反之，雌鸟可能只产 1 枚卵，甚至不产卵。卵由雌鸟负责孵化大约 1 个月，由雄鸟负责提供食物给其配偶。

当雏鸟破壳后，它们会将睁开眼的雏鸟用白色柔软的羽毛覆盖藏匿 2~3 天。当雏鸟开始长羽毛时，开始学习第一次飞行。为了学习飞行，它们必须在鸟巢周围快速走动并不断地扑动翅膀。在成为飞行高手之后，它们才能降落到地面，并且会具备攀爬能力。通常，在雏鸟学会飞行之前成鸟几乎不离开鸟巢。因为鸟巢内吃剩的食物会使雏鸟产生一种气味，从而容易被它们的天敌探测到，并对它们发动攻击。雄鸟和雌鸟会不惜一切代价来捍卫它们的雏鸟，但有 1/3 的雏鸟可能因为被攻击或缺乏食物而无法顺利生存。亲鸟除了扮演保护雏鸟的角色之外，也是成功的无声猎手，并且在生态系统中扮演着重要的角色——维持啮齿目动物种群的数量。

照顾雏鸟

在冬季中期它们组成伴侣。雄鸟和雌鸟互相喂食和梳理羽毛（图1）。雏鸟出生时有白色柔软的羽毛（图2）。由双方共同喂养雏鸟，将猎物带至鸟巢，把碎肉用喙喂进雏鸟嘴中。不久后开始喂食体形较大的猎物（图3）。如果栖息区域的食物条件不好，雌鸟会放弃自己的食物把猎物全部喂食给雏鸟，雌鸟的体重可能在1 个月内比原有体重减少1/3。

蜂鸟和雨燕

二者进化特征有相同的地方，例如飞行时的快速振翅以及翅膀的解剖结构。雨燕的飞行是非常快的，大部分的时间都在空中。除了极地之外，它们分布于全世界，特别是栖息于热带地区的物种数量相当庞大。蜂鸟是体形最小的鸟类，仅栖息于美洲。

一般特征

它们是小型鸟类，适应空气动力调整飞行，飞行能力相当优异。它们的翅膀长且硬。它们的脚很小，仅用于停歇。雨燕的外观和燕子很像，它们的喙短，嘴巴宽，羽毛颜色为深色。其主要的食物为昆虫，在全世界各个区域都可以看到它们的身影。蜂鸟的颜色为金属色或较亮的颜色，主要的食物为花蜜，仅栖息于美洲大陆。

门：脊索动物门

纲：鸟纲

目：雨燕目

科：3

种：429

描述

蜂鸟和雨燕的体形都相当小，它们的翅膀和身体结构相比很突出，翅膀长而窄。蜂鸟的胸骨跟龙骨相似，相当细长。它们的鸟喙骨发达，连接胸骨和肱骨。蜂鸟飞行时通过其强而有力的肌肉扑动翅膀，扑翅速度相当快，这些肌肉占全身体重的30%。它们以“8”字形的形式振翅，使它们能以最大的速度移动。它们通过这个方式可以倒着飞，甚至能侧着飞。雨燕在滑翔上较占优势。它们也可以改变自己振翅的速度，从而实现紧急转弯。某些物种的尾巴相当长，在飞行时极具重要性，用于改变飞行方向。此外，尾巴羽毛的羽轴像针一样尖锐，以此作为栖息在岩壁时的支撑。蜂鸟和雨燕的脚都很小，无法用于行走，只能运用于抓住垂直表面，或停顿于某处歇息。雨燕的羽毛颜色一致，为棕色或亮黑色。蜂鸟羽毛的颜色（特别是雄鸟）则为金属色或亮色。蜂鸟和雨燕的食物根据它们分布区域的条件而有所不

树栖

这种鸟类独特的翅膀构造能让它们在空中进行复杂的飞行。

飞行冠军

蜂鸟拍打翅膀的速度比其他大部分鸟类的速度高出50倍，它们在空中时能长时间固定在某一处且能进食。雨燕一天中的大部分时间都在飞行。它们可以突然改变飞行的方向和速度，某些物种最快飞行速度可达160千米/时。

蜂鸟

飞行时每秒振翅75次，飞行时可维持固定的位置进食。它们可以非常精确地向前或向后飞行。

雨燕

一整天的大部分时间都在飞行。吃、喝、洗澡甚至交配都不落地。常进行集体飞行。

同，主要为花蜜和昆虫。除了加拿大北部的苔原区之外，整个美洲大陆都可以看见蜂鸟的身影。在其他大陆有其他类型的鸟类，吃着跟它们相同的食物，将喙深入花冠中进食（例如太阳鸟科）。雨燕分布于全世界众多区域，但它们不栖息于寒冷的区域，如北极或南极，也不栖息于昆虫稀少或无昆虫的干燥区域。

食物

蜂鸟专门吸取植物的花蜜。它们的喙细长，可以达到头部或身体的长度（某些物种的喙相当长），使它们能吸取花蜜。它们的舌头很长，舌尖分叉，以便它们吸取花蜜。它们能在可及的特殊范围内，在偶然的情况下在植物中进行授粉。在大多数情况下，蜂鸟和植物会共同进化。蜂鸟可以看到花朵，但它们没有嗅觉能力，无法闻到它们传播的花粉的香味。但是因为花有鲜艳的颜色，如红色或者黄色，这些颜色吸引着蜂鸟。很多花朵都是下垂的，只适合蜂鸟造访，因为它们是唯一在飞行时可以保持相对静止的鸟类。雨燕主要的食物为昆虫，在飞行时捕捉。蜂鸟和雨燕共同的特征是它们颈部肌肉发达，可以在进食时快速移动头部。由于这两种鸟类的新陈代谢速度很快，因此，它们会不断进食。经过长途飞行之后，蜂鸟和雨燕呈蛰伏状态，以节约能量。在它们休息时新陈代谢速度会降低，体温也会下降。

行为

虽然有一些蜂鸟的社交行为较复杂，但它们大多数是独立活动的，且具领地性，会捍卫自己觅食的区域，通过攻击或发出鸣叫声警告入侵者。雨燕跟蜂鸟相反，它们非常合群，甚至可以群居筑巢，数量可达数千只。繁殖期取决于其觅食的食物数量。因此，蜂鸟一般是在植物开花且可提供花蜜时繁殖。雨燕则于温带地区的夏季、热带地区的雨季即昆虫数量较多的时候繁殖。在某些蜂鸟中，可能会出现很多只雄鸟一起追求一只雌鸟的现象，雌鸟会选择羽毛较好和歌声较好的雄鸟成为其伴侣，某些雄鸟会帮忙喂养雏鸟。相反地，雨燕为一夫一妻制，由双方共同照顾雏鸟。蜂鸟建造的鸟巢较小且坚固，形状为杯状，长度多变。很多雨燕在繁殖期时唾液腺会膨胀。它们的唾液相当黏稠，可粘住棍棒等物体来建造它们的鸟巢，也是将巢固定在岩壁和树洞的黏合剂。某些物种直接用唾液建造鸟巢。因为它们的唾液是可食用的，所以常被运用于制作亚洲传统料理，主要为汤品。某些雨燕可以将鸟巢筑于完全黑暗的深坑，并在完全黑暗的环境入眠。它们拥有回声定位的能力，能在极端的环境中生活。通过这种方式连续发出类似爆裂声的鸣叫，传送到岩石后回弹，以实现定位，这是少数鸟类的特有能力。雨燕和蜂鸟皆于较寒冷的区域筑巢，并季节性地迁徙。大部分雨燕为迁徙鸟，它们集体迁徙。红喉北蜂鸟（*Archilochus colubris*）是雨燕目鸟类中每年都会迁徙的少数鸟类之一，迁徙的距离可达3000千米。

勤奋的飞行者
蜂鸟和雨燕通过快速地振翅实现飞行。它们的解剖结构和飞行的行为具有可比性。

鸟巢

蜂鸟和雨燕的鸟巢差异相当大。蜂鸟所建造的鸟巢呈杯状，但使用的材料相当多样，建造的地点也各不相同。雨燕的鸟巢使用它们的唾液搭配泥土跟其他材料混合建造而成，建于檐下和檐口。蜂鸟以植物为建材，并将这些植物混杂在一起建造巢穴。

蜂鸟的鸟巢
蜂鸟的鸟巢很小，通常由草本植物建造而成，底部铺上软质材料。通常建于草丛中，有时候会建在树枝上。

雨燕的鸟巢
雨燕将鸟巢建在垂直面上。某些物种会用它们的唾液粘住草和羽毛建造巢穴。金丝燕属鸟类的巢穴可食用。

雨燕

门：脊索动物门

纲：鸟纲

目：雨燕目

科：雨燕科

种：92

雨燕科鸟类的腿都很短。它们的翅膀长且窄，通常向后弯曲。它们的喙很细，嘴巴很宽。它们是飞行专家，一生中大部分时间都在空中飞行。其主要食物为昆虫。它们将鸟巢筑于黑暗的洞孔中。某些物种会使用回声定位。栖息于全世界各个区域，有迁徙的习惯。

Cypseloides niger

黑雨燕

体长：15~18 厘米
体重：35 克
社会单位：群居
保护状况：无危
分布范围：北美洲

黑雨燕的羽毛颜色为黑色，背部羽毛为亮蓝色，额头的白色羽毛呈鳞片状，尾巴末端稍分叉。栖息于水源区附近，选择峭壁休息和筑巢。使用树枝、苔藓、蕨类和藻类植物用泥土黏合筑巢。雌鸟通常产 1 枚卵，由双方轮流孵化，孵化期为 23~27 天。它们经常跟其他物种的雨燕集结成群。主要的食物为在飞行中捕捉的苍蝇、甲虫和小型膜翅目昆虫。

Cypseloides senex

大黑雨燕

体长：18~23 厘米
体重：89 克
社会单位：群居
保护状况：无危
分布范围：南美洲中部

大黑雨燕的羽毛为暗棕灰色，头部为白色。栖息于热带和亚热带森林，较喜欢树木不茂密的区域。它们将鸟巢筑于瀑布后面的岩洞中，某些瀑布的水流很强，如位于阿根廷和巴西之间的伊瓜苏瀑布。它们以惊人的速度和敏捷度飞过瀑布进出鸟巢。它们的短腿让它们可以垂直降落在潮湿的岩石表面。它们一生中大部分时间都在空中飞行。在飞行时捕捉昆虫作为它们的食物，它们甚至能在飞行时于空中交配。

Chaetura pelagica

烟囱雨燕

体长：12~13 厘米
翼展：27~30 厘米
体重：17~30 克
社会单位：群居
保护状况：近危
分布范围：北美洲东部，南美洲西北部

烟囱雨燕的名称源自于其乌黑的羽毛。尾巴的末端有像刺一样的硬毛，在飞行时可明显看出。为群居鸟，有迁徙的习惯，从北方飞行很远的距离到南方越冬。栖息于都市地区，经常将鸟巢筑于烟囱内，有时也会将鸟巢筑于树洞内。建造的鸟巢呈篮子状，使用树枝结合唾液建造，并粘于墙上。雌鸟产 3~7 枚卵，并于夜间负责孵化。它们除了在飞行中进食之外，浸泡于水中时也能进食。它们的鸣叫声尖锐，特别是在进食的时候。

Apus apus

楼燕

体长：16~17 厘米
翼展：38~40 厘米
体重：36~52 克
社会单位：群居
保护状况：无危
分布范围：欧洲、亚洲中部和北部、非洲南部

楼燕广泛分布于亚非拉地区，是最擅长飞行的鸟类之一。它们可以不间断地飞行长达 9 个月，在空中进食、交配和睡眠。它们的身体结构非常适合在空中活动：翅膀很窄但坚固，形状如弯刀，可让它们快速转弯；尾巴末端有分叉。它们只在产卵、孵化和照顾雏鸟时才会降落。雌鸟产 2~3 枚卵，孵化期为 19~21 天。主要的食物为被称为“空中浮游生物”的小虫子。由于粮食匮乏，亲鸟可能会离开雏鸟 4~5 天去寻找食物，此时雏鸟则进入昏睡状态，以降低心跳频率和体温。分布在欧亚大陆的楼燕冬季时会迁徙至非洲南部过冬。

于飞行时睡眠
它们在晚上会抵达海拔高度2000多米处，减少振翅次数，并于空中睡眠。

Collocalia esculenta

白腹金丝燕

体长：9~11.5 厘米
体重：9 克
社会单位：群居
保护状况：无危
分布范围：亚洲南部、大洋洲

白腹金丝燕以其白色腹部区别于其他雨燕目鸟类，因此也被称为小白腹鸟。其他区域的羽毛为亮黑色，顶部区域经反射后呈蓝色，底部呈绿色。翅膀和尾巴的末端呈圆形。它们是杂技高手。

它们将鸟巢筑于悬崖，通常为群居，数千只一同居住。使用苔藓和干纤维建造鸟巢，并用大量唾液使其固定。它们经常将鸟巢筑于洞穴内高度较高的墙壁，并使用钟乳石保护，鸟巢几乎处于完全黑暗的环境。它们的主要食物为飞蚁，在黄昏或黎明时在飞行中进食。该物种面临的主要威胁是其栖息地受到干扰。它们建造鸟巢的悬崖成为观光景点。

门：脊索动物门
纲：鸟纲
目：雨燕目
科：凤头雨燕科
种：4

凤头雨燕

凤头雨燕是凤头雨燕科唯一的物种，是雨燕科的近亲。栖息于东南亚地区开阔的林地。体长不超过 31 厘米，翅膀在尾部交叉呈剪刀状。主要食物为虫类，在飞行时猎食。

Hemiprocne comata

小须凤头雨燕

体长：15~16 厘米
体重：21 克
社会单位：群居
保护状况：无危
分布范围：东南亚

小须凤头雨燕脸上有如眉毛般的白色长羽毛，看起来很像“胡子”。其余区域的羽毛颜色为深蓝色，底色为橄榄绿。栖息于潮湿的热带和亚热带地区。它们在树枝上建造一个小的鸟巢，雌鸟每一个繁殖季只产 1 枚卵。为定居鸟，主要食物为昆虫。它们的鸣叫声尖锐且刺耳。

在树枝上休憩
选择一棵树，花大部分时间停歇在树上。

Hemiprocne coronata

凤头雨燕

体长：21~23 厘米
体重：20~26 克
社会单位：群居
保护状况：无危
分布范围：东南亚

凤头雨燕的羽毛上半部为灰色，腹部为白色。头部羽毛长达 3 厘米，像是一个皇冠。尾巴长且分叉。雄鸟的脸上有橙色斑点。雌鸟只产 1 枚灰蓝色的卵，由双方共同孵化。鸟巢很小，亲鸟只能站着孵化。是食虫鸟，在飞行时进食。跟大部分雨燕和燕子相同，它们飞行时会张开嘴巴，捕捉并吞下猎物。

蜂鸟

门：脊索动物门
纲：鸟纲
目：雨燕目
科：蜂鸟科
种：333

它们是体形最小的鸟类。它们的特点在于其色彩鲜艳的羽毛，通常以虹彩绿为主要颜色。跟其他物种不一样，它们的喙相当长，可以伸入花朵中吸食花蜜。它们有朝任何方向飞行的能力，甚至能倒退着飞。它们是美洲大陆特有的鸟类。

Patagona gigas

巨蜂鸟

体长：21 厘米
体重：18~24 克
社会单位：独居
保护状况：无危
分布范围：南美洲西部和南部

巨蜂鸟是巨蜂鸟属唯一的物种，也是蜂鸟科体形最大的鸟类。羽毛颜色并不鲜艳，移动速度比其他同种鸟类要慢，但有时它们随风飞行的能力很强。从远方看它们的外观跟燕子相似。栖息的区域广泛，其中包括杂草地和灌木丛。它们将鸟巢筑于可见的地方，比如一根细树枝上或仙人掌上。建造鸟巢所使用的材料相当多样，如苔藓、地衣、蜘蛛网、动物毛发、纤维以及其他材料。繁殖期介于8月至次年2月。雌鸟产2枚白色的细长卵。

Oreotrochilus estella

安第斯山蜂鸟

体长：12~14 厘米
体重：7.5~9 克
社会单位：独居
保护状况：无危
分布范围：南美洲西部

安第斯山蜂鸟雄鸟背部的羽毛为紫灰色，喉咙为绿色，脖子上有如同衣领般的黑色羽毛，与腹部的白色区域形成对比。雌鸟的喉咙为白色，有咖啡色斑点。它们沿着安第斯山脉周围栖息，甚至也栖息于高原。它们可以在晚上承受低温环境，并进入一种嗜睡的状态，降低其代谢率。

Campylopterus hemileucurus

艳紫刀翅蜂鸟

体长：14~15 厘米
体重：9~11 克
社会单位：独居
保护状况：无危
分布范围：墨西哥南部和中美洲

艳紫刀翅蜂鸟为栖息于南美洲以外地区的体形最大的蜂鸟。以它们尾羽外侧末端的白色羽毛做区别。雄鸟的颜色为彩虹紫，雌鸟的背部为金属绿，腹部为灰色，喉咙有紫色斑块。喙为黑色，长且稍弯曲。

栖息于热带雨林、丛林和山区森林，较喜欢靠近水源附近的植被边缘区域。红色的花朵，像赫蕉和香蕉的花为它们主要的食物来源。它们吸取花蜜作为食物，有时候也吃少量的昆虫、蚜虫和小蜘蛛。它们移动的速度快且动作敏捷，鸣叫声有时尖锐，有时微弱悦耳。

Ensifera ensifera

刀嘴蜂鸟

体长：12.5~15 厘米
体重：12 克
社会单位：独居
保护状况：无危
分布范围：南美洲西北部

刀嘴蜂鸟是一种跟其身体比例相较之下喙较长的鸟类。喙形状像刀，其名称以此命名。喙的长度可让它们吸食植物长而窄的花，例如西番莲（西番莲属）的花冠，在此过程中它们也将花粉传播至其他区域。它们除了吸食花蜜之外，也吃双翅目昆虫和其他节肢动物。它们的羽毛颜色为彩虹绿，背部、头部和尾巴的颜色较深。栖息于山区的潮湿森林和高地的灌木丛。它们的数量趋势似乎是稳定的，因此被认为是其自然栖息地的常见物种。然而，在许多地区因为人类活动频繁，某些易受破坏的自然区域的状况尚未被评估。

Heliomaster longirostris

长嘴星喉蜂鸟

体长：10.2~12 厘米
体重：6.8 克
社会单位：独居
保护状况：无危
分布范围：墨西哥南部、中美洲、南美洲北部

长嘴星喉蜂鸟以其长而直的黑色喙区分，雄鸟喉咙处有红色羽毛，和补丁一样。雌鸟的羽毛颜色较不鲜艳。栖息于开放的森林或森林边缘，甚至也栖息于农村和城市地区。主要食物为花蜜和某些昆虫。根据花朵盛开的时期进行季节性迁徙。将鸟巢筑于树的高处阳光照射良好的位置。雌鸟产 2 枚卵，孵化期为 18~19 天。

Thalurania furcata

叉尾妍蜂鸟

体长：10 厘米
体重：4 克
社会单位：独居
保护状况：无危
分布范围：南美洲

叉尾妍蜂鸟分布区域很广泛，目前有 13 个已知亚种分布于不同的区域。它们的栖息地包括亚热带森林、山中的潮湿地区和低地。雄鸟颜色通常为带有紫色色调的彩虹绿，腹部有紫色的色带，背部为褐色。雌鸟腹部的颜色为灰色，背部为较不明亮的绿色。喙根据其亚种不同，有的较直，有的弯曲。

Hylocharis chrysura

金红嘴蜂鸟

体长：10~11 厘米
体重：4~4.5 克
社会单位：独居
保护状况：无危
分布范围：南美洲中部和南部

金红嘴蜂鸟的名称源自羽毛的颜色，特别是尾羽的颜色，类似抛光的青铜色。羽毛颜色有绿色的色调，喉咙的羽毛颜色为桂皮色，大腿羽毛为白色，下颌为红色。喙为红色，喙的尖端为黑色。繁殖期开始雄鸟会鸣唱数小时，并在空中展示自己的羽毛。雌鸟产 2 枚卵，孵化期为 15 天。鸣叫声的音调多变。如果它们正在某处休息，会发出一连串的高且长的音，听起来像是不成调的口哨声。当它们在自己的领地进行防御时，会发出音调较强烈的鸣叫声。它们领地性很强。主要的食物为花蜜。

Colibri thalassinus

绿紫耳蜂鸟

体长：11~13 厘米
体重：5~6 克
社会单位：成对
保护状况：无危
分布范围：从墨西哥至阿根廷北部

雏鸟

每个鸟巢内雌鸟产2 枚卵。

绿紫耳蜂鸟雄鸟的羽毛颜色为亮绿色，喉咙和胸部的颜色较鲜艳，胸部有蓝色的色调，眼睛下方的紫色斑纹通过耳朵连接至尾巴形成一条蓝黑色的色带。雌鸟喉咙部位的绿色较不鲜艳，胸部为较不透明的棕褐色。

食物

它们是典型的食花蜜鸟，每天可吸食 3000 朵花。通常也会吃一些飞行时捕捉的小昆虫。

特别的鸟巢

它们使用鳞片状的树蕨、毛发、干草和蜘蛛网建造坚固的杯状鸟巢，并使用苔藓和地衣装饰。将鸟巢置于高 1~3 米的向下弯曲的树枝上、竹林中、悬崖或道路两旁。

遥望

雄鸟会停歇于高处，在那里鸣唱，并观察原野上的花朵。

饮食和能量

振翅需要投入大量的能量，蜂鸟的食物适应力是支持这种说法的关键佐证之一。它们特殊的舌头可以吸食花蜜，从糖分中获得高热量。舌头是嵌入头骨上半部的一个极长的肌肉器官，呈半透明状，且结构特殊。此外，翅膀的关节能让它们保持悬浮在空中不动以吸食花蜜。

4 分钟

这是它们将花蜜填满嗉囊的时间。

分叉的舌头

这个器官的末端分叉呈树枝状。

附着

舌头表面粗糙，有助于它们保留花蜜和捕捉昆虫。

舌头的移动

舌头由位于颅骨底部的肌肉和舌骨的推动来移动。这个移动是让它们可以伸入管状蜜腺吸食花蜜的关键，特别是桔梗科植物。

一个特别的器官

早期的研究认为，蜂鸟每一次吸食花蜜时都是使用毛细管吸取的，也就是含糖的液体会附着在它们的舌头上。目前的研究指出，它们用舌头吸食花蜜，然后把花蜜带进嘴巴之后吞下。

舌头放松

组成舌头的两个分支侧边都有横向的凹槽，形成两条平行的管道。这些凹槽在它们的舌头伸入蜜腺吸食花蜜时将被填满花蜜。

断面

舌头收缩

舌头的底部至舌尖通过肌肉连接，在每个凹槽的边缘结合，类似于拉链的前段。这样可以使花蜜停留在舌头的边缘。

断面

翅膀的适应力
蜂鸟的骨头和羽毛显现出其适应特殊飞行的能力。此外，嵌入强大翼肌的胸骨也非常粗壮且坚固。
中骨
大部分羽毛、初级羽毛、次级羽毛都连接到这个长脚趾上。
第四个脚趾
比其他鸟类的第四个脚趾要长，其肌腱延伸至翅膀。
肩关节
飞羽
飞羽附着在指骨和前臂的骨头上。
前臂
这两个骨骼非常小。紧凑的形状使它们在振翅时相当有力。
为每秒振翅的次数。
尾羽
当它们在吸取花蜜时尾羽会展开。这个姿势可以让它们在进食时维持身体平衡。
飞行
跟其他只能向前飞行的鸟类不同，它们跟其他蜂鸟一样，能朝四面八方飞行。在不移动身体的情况下可以旋转和改变方向，其独特的解剖构造能让它们自由旋转 180 度。飞羽占翅膀面积的大部分，这个结构给它们提供了强大的力量进行飞行。
向前飞行
蜂鸟将翅膀上下移动产生位移，向上并向前移动。
固定飞行
肩关节广阔的旋转范围让它们能够以“8”字形快速移动，并维持在同一位置。
上升飞行
振翅，类似向前飞行，身体的主轴和翅膀呈直角，使其向上和向前移动。
向后飞行
翅膀向上在头部的后方振翅，这样呈圆弧状的振翅可使其向后飞行。

图书在版编目（CIP）数据

国家地理动物百科全书 . 鸟类 . 涉禽 · 夜行鸟 / 西班牙 Sol90 出版公司著 ; 陈怡婷译 . -- 太原 : 山西人民出版社 , 2023.3

ISBN 978-7-203-12526-6

Ⅰ . ①国… Ⅱ . ①西… ②陈… Ⅲ . ①鸟类—青少年读物 Ⅳ . ① Q95-49

中国版本图书馆 CIP 数据核字 (2022) 第 244659 号

著作权合同登记图字：04-2019-002

国家地理动物百科全书 . 鸟类 . 涉禽 · 夜行鸟

著　　者：西班牙 Sol90 出版公司
译　　者：陈怡婷
责任编辑：孙宇欣
复　　审：魏美荣
终　　审：贺　权
装帧设计：吕宜昌

出 版 者：山西出版传媒集团 · 山西人民出版社
地　　址：太原市建设南路 21 号
邮　　编：030012
发行营销：0351-4922220　4955996　4956039　4922127（传真）
天猫官网：https://sxrmcbs.tmall.com　电话：0351-4922159
E-mail：sxskcb@163.com 发行部
　　　　sxskcb@126.com 总编室
网　　址：www.sxskcb.com

经 销 者：山西出版传媒集团 · 山西人民出版社
承 印 厂：北京永诚印刷有限公司

开　　本：889mm × 1194mm　1/16
印　　张：5
字　　数：217 千字
版　　次：2023 年 3 月　第 1 版
印　　次：2023 年 3 月　第 1 次印刷
书　　号：ISBN　978-7-203-12526-6
定　　价：42.00 元